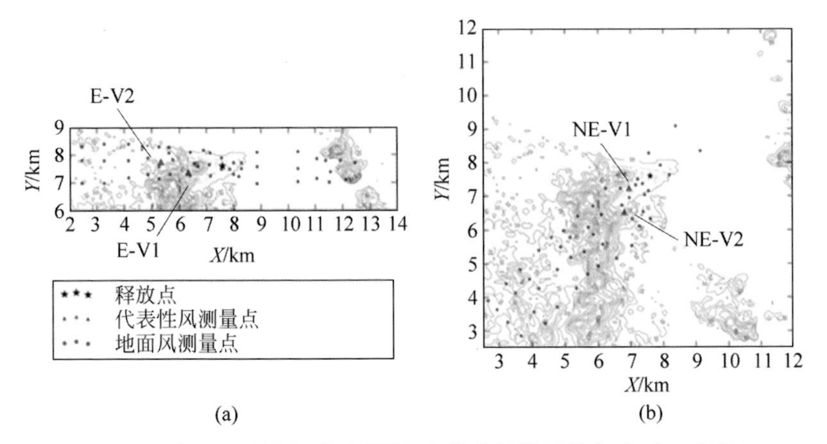

图 2.7 地面风测量点(蓝色圆圈)和代表性风测量点(红色三角形)位置示意图

(a) E 风向；(b) NE 风向

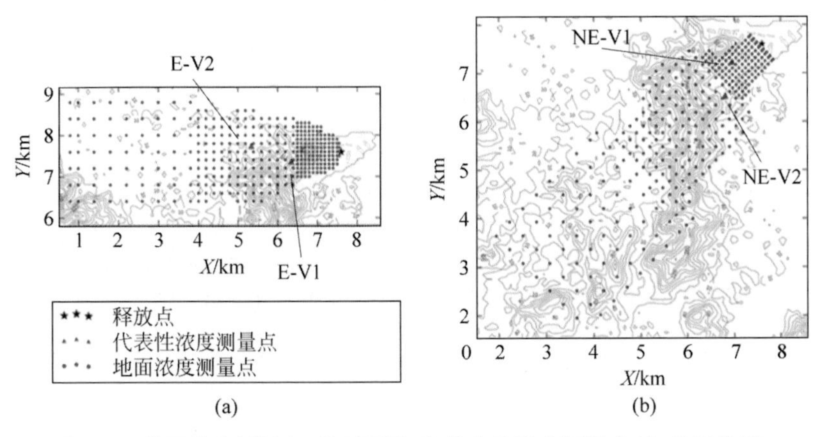

图 2.8 地面浓度测量点(蓝色圆圈)和代表性浓度测量点(红色三角形)的位置示意图

(a) E 风向；(b) NE 风向

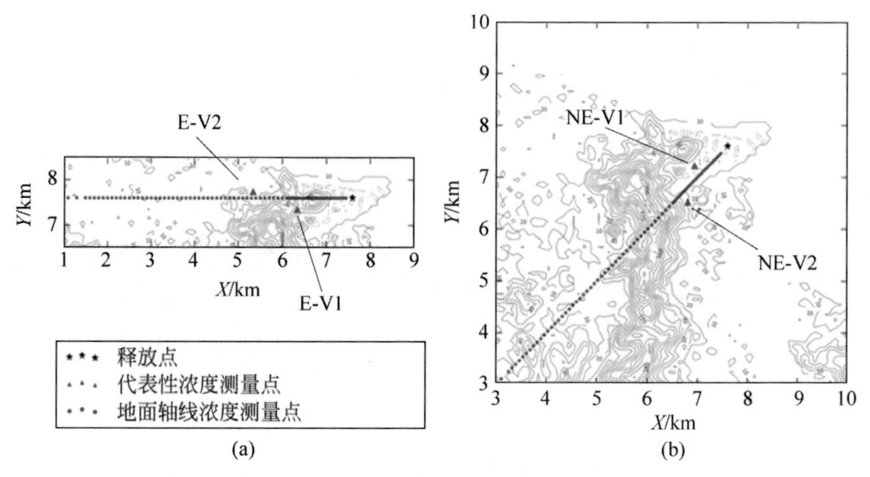

图 2.9　地面轴线浓度测量点(蓝色圆圈)和代表性浓度测量点(红色三角形)的位置示意图

(a) E 风向; (b) NE 风向

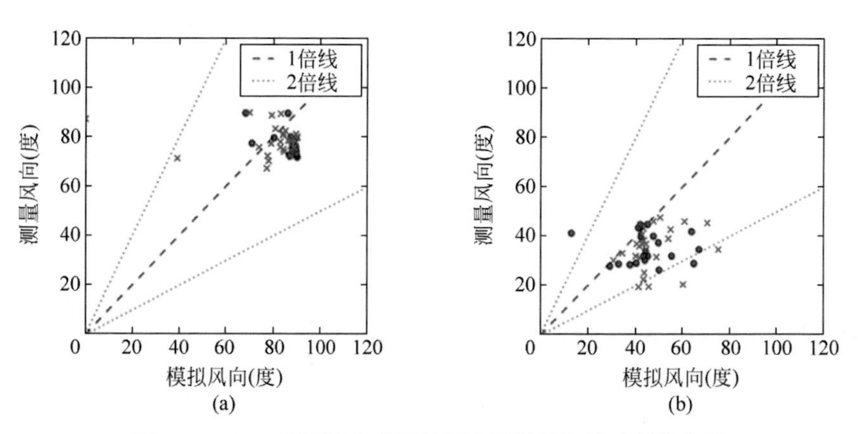

图 2.10　MSS 地面风向模拟结果和测量结果的对比散点图

(a) E 方向; (b) NE 方向

红点表示建筑区,蓝色叉号表示山区

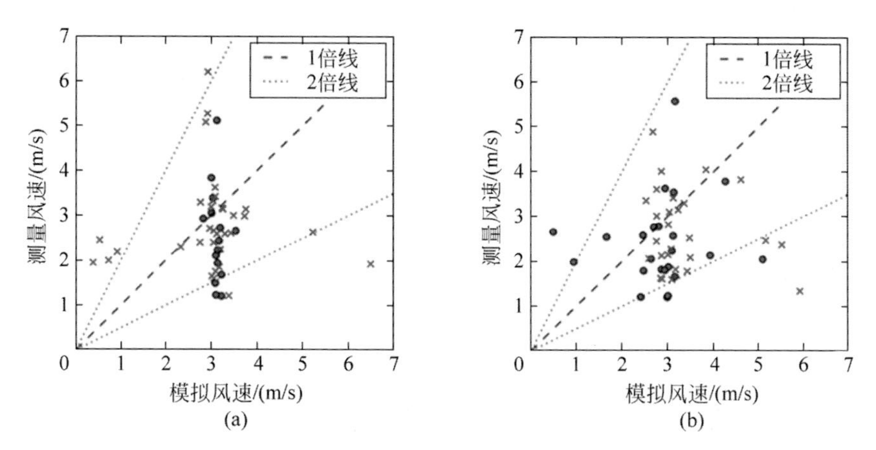

图 2.11　MSS 地面风速模拟结果和测量结果的对比散点图

(a) E 方向；(b) NE 方向

红点表示建筑区，蓝色叉号表示山区

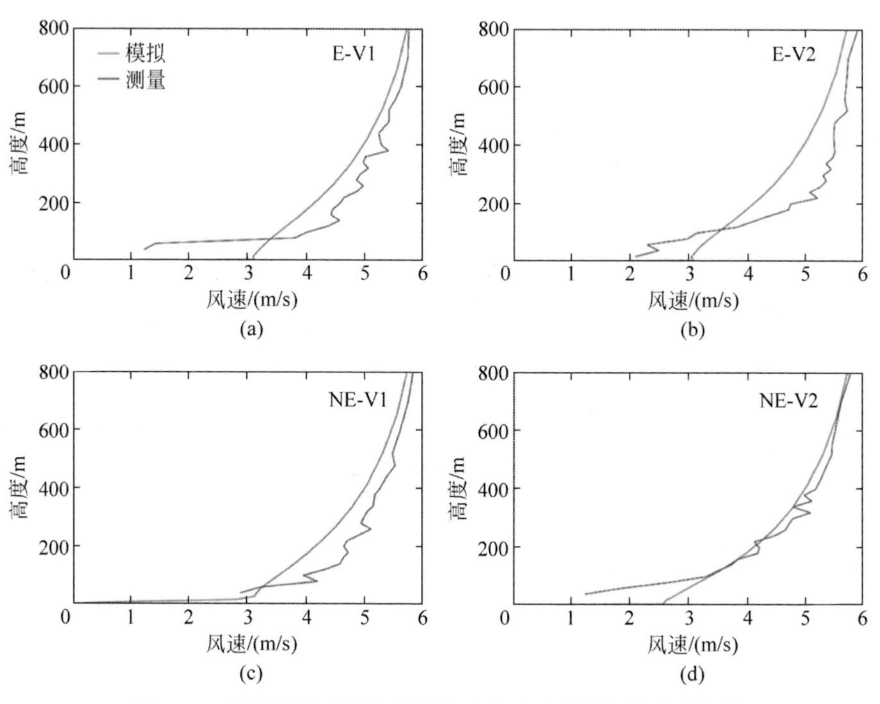

图 2.12　代表性点位垂向风速分布模拟和测量结果的对比图

(a) E-V1；(b) E-V2；(c) NE-V1；(d) NE-V2

模拟风速(红线)和测量风速(蓝线)

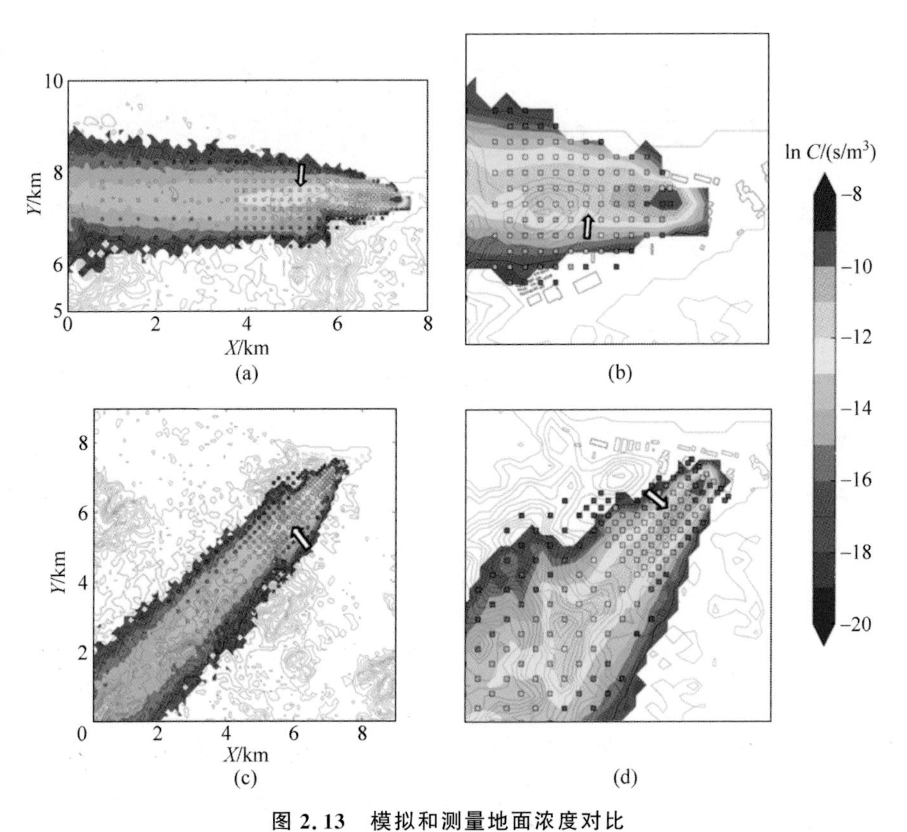

图 2.13 模拟和测量地面浓度对比

（左列）：(a) E 方向；(c) NE 方向，近场地面浓度对比（下风向约 2 km 范围）；（右列）：(b) E 方向；(d) NE 方向，彩色烟羽图为 MSS 模拟地面浓度分布，彩色正方形代表该点位的地面浓度测量值

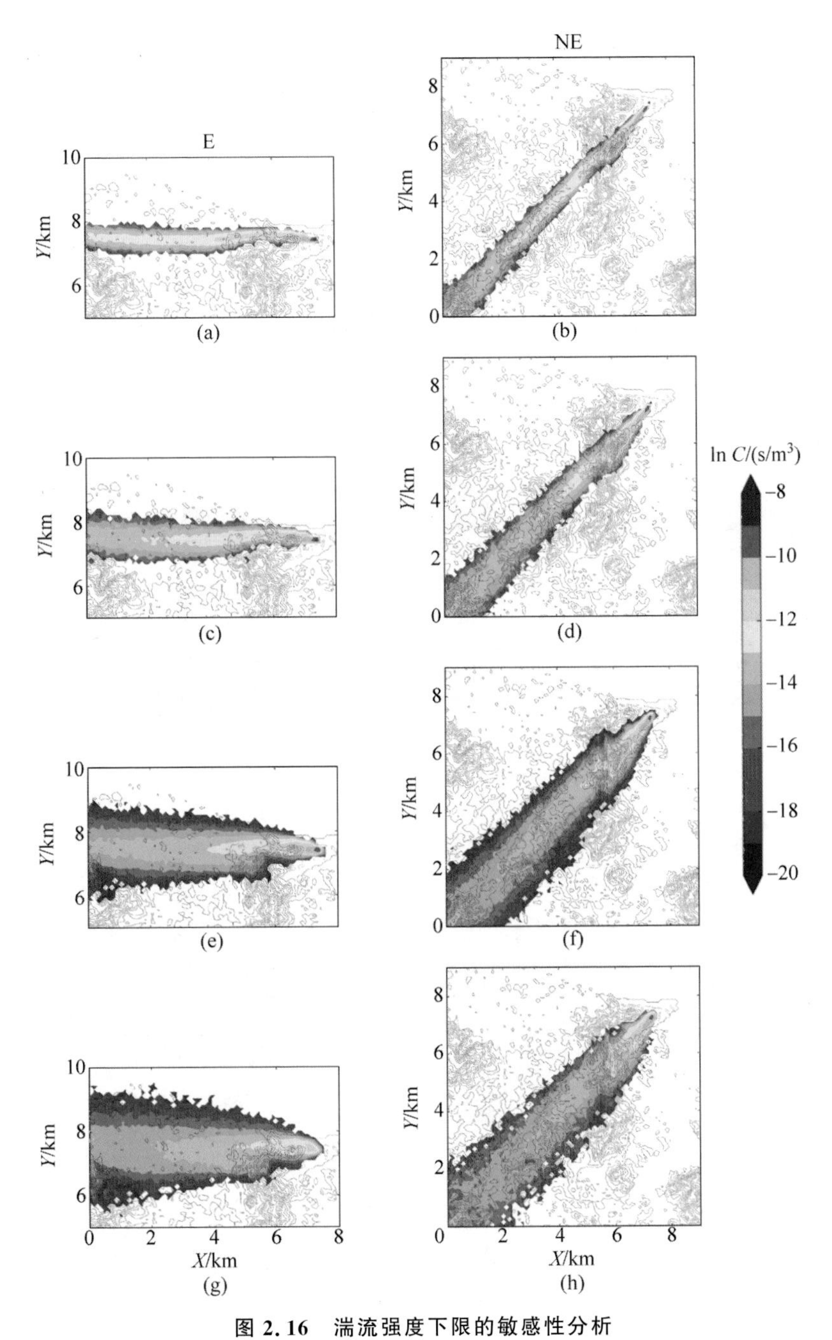

图 2.16　湍流强度下限的敏感性分析

从上到下 SUMIN 和 SVMIN 的值分别是 0.3 m/s，0.6 m/s，0.9 m/s，1.2 m/s

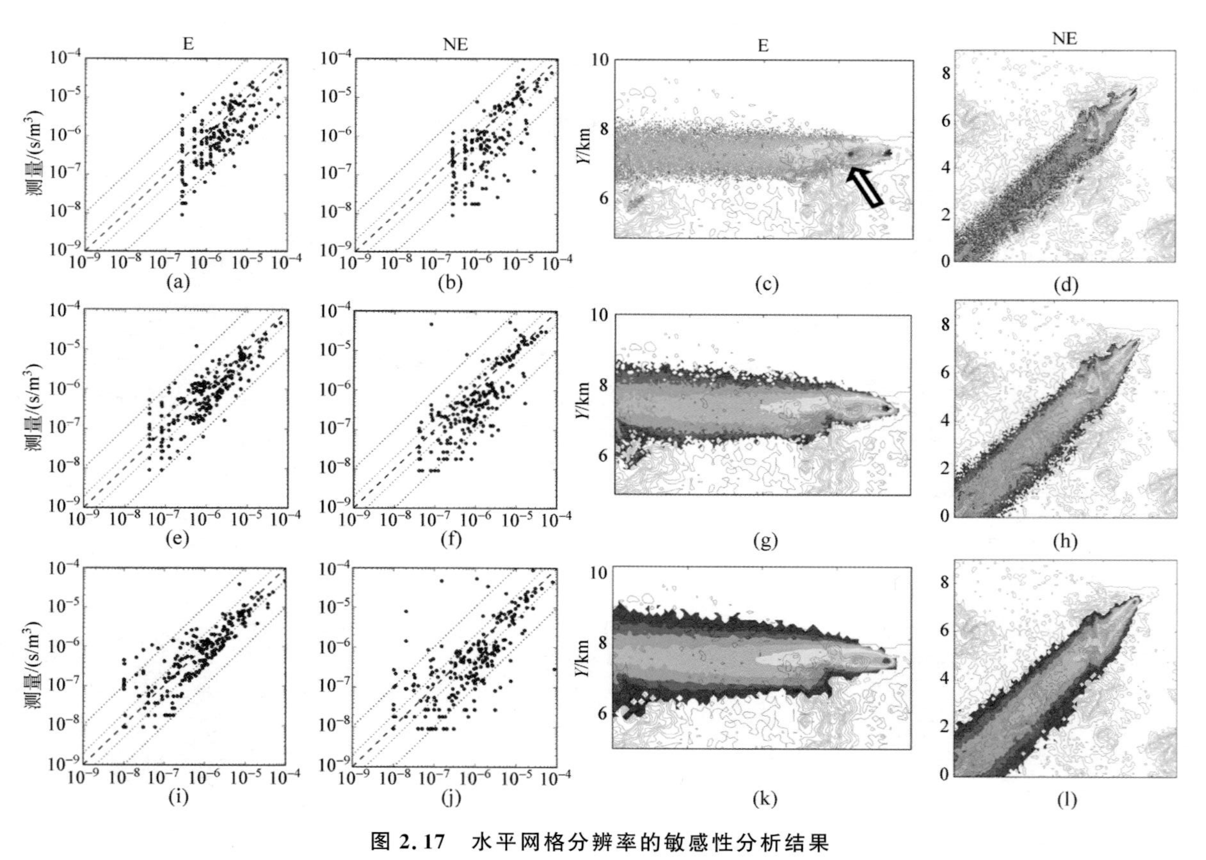

图 2.17　水平网格分辨率的敏感性分析结果

每行的水平分辨率为：(a)～(d) 20 m；(e)～(h) 50 m；(i)～(l) 100 m；(m)～(p) 300 m；(q)～(t) 500 m

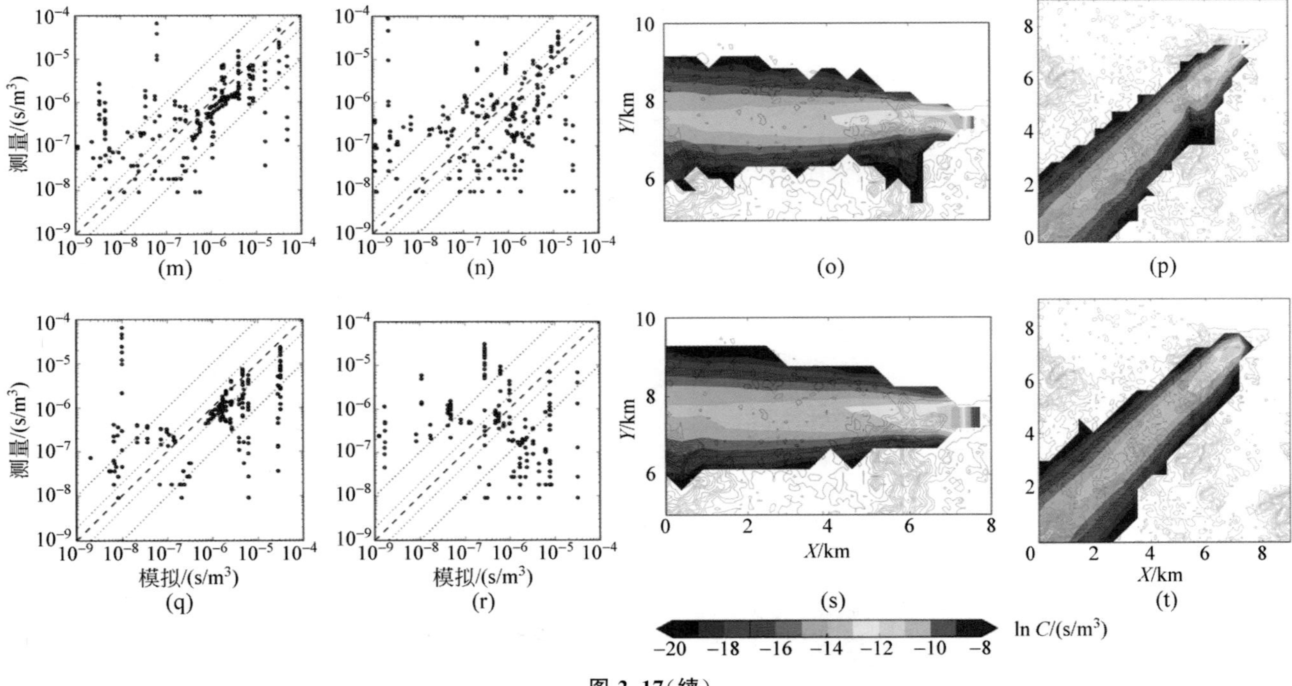

图 2.17（续）

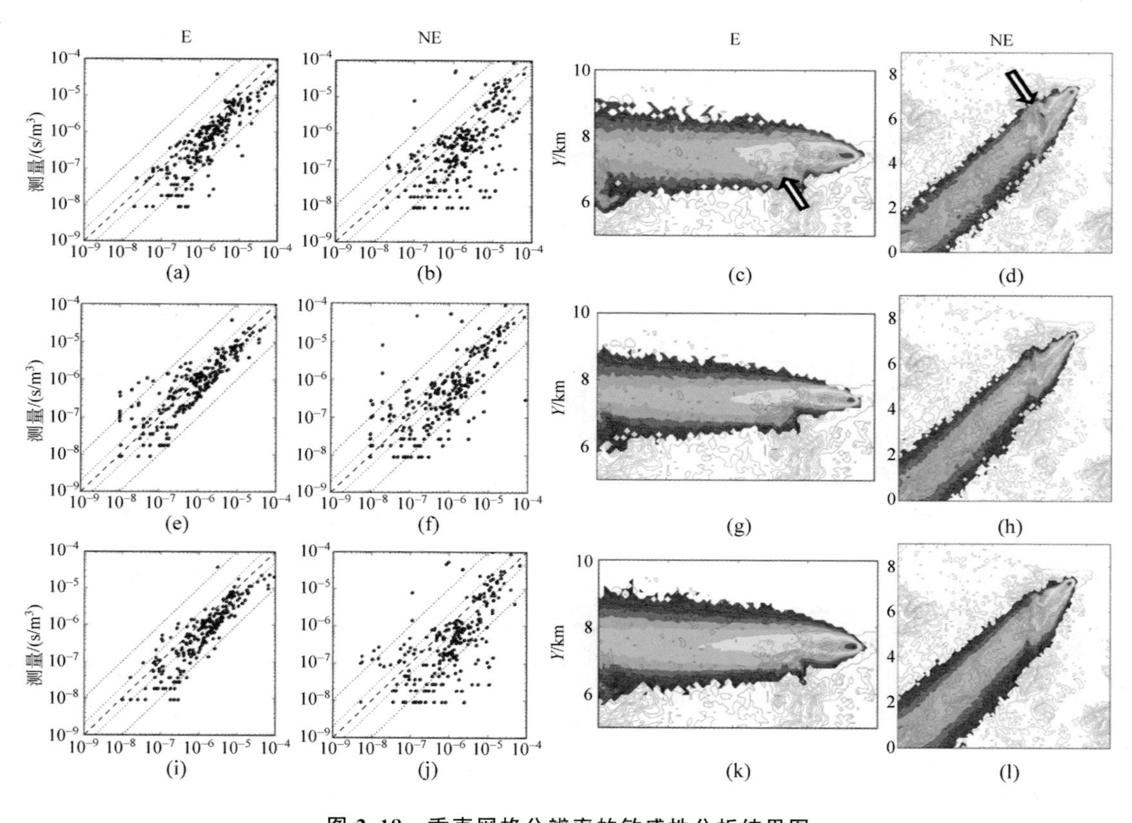

图 2.18　垂直网格分辨率的敏感性分析结果图

每行垂直分辨率为：(a)～(d) 5 m；(e)～(h) 10 m；(i)～(l) 20 m；(m)～(p) 30 m；(q)～(t) 50 m

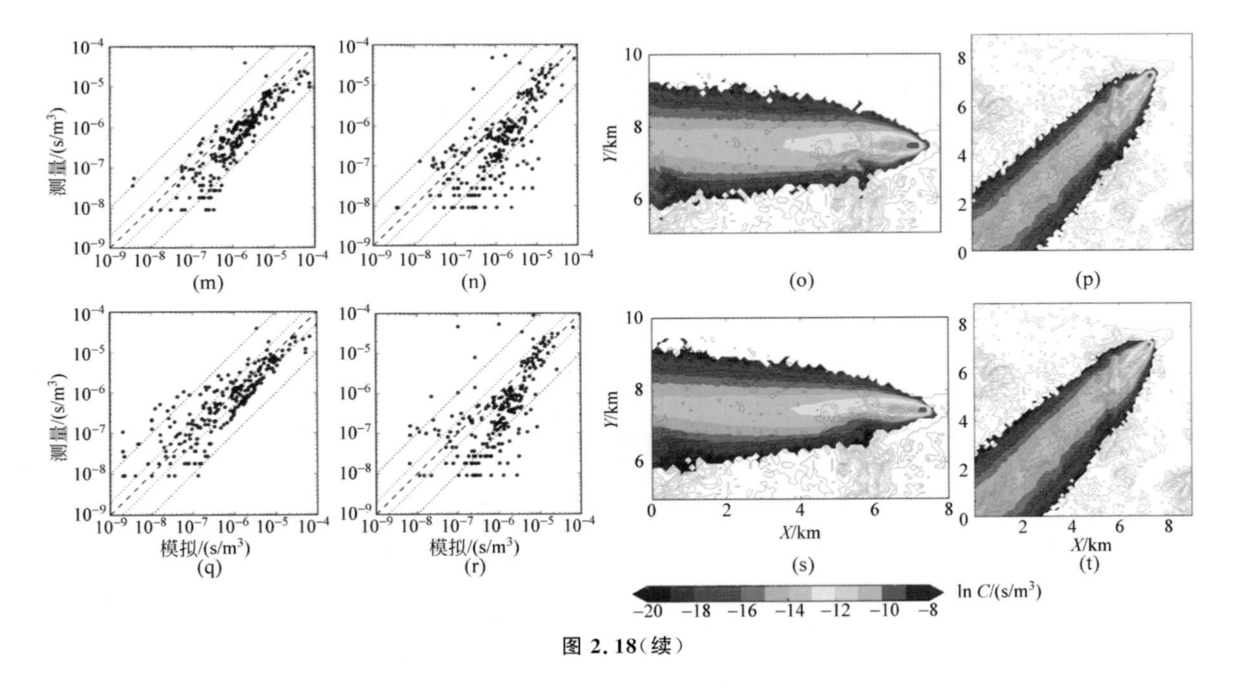

图 2.18（续）

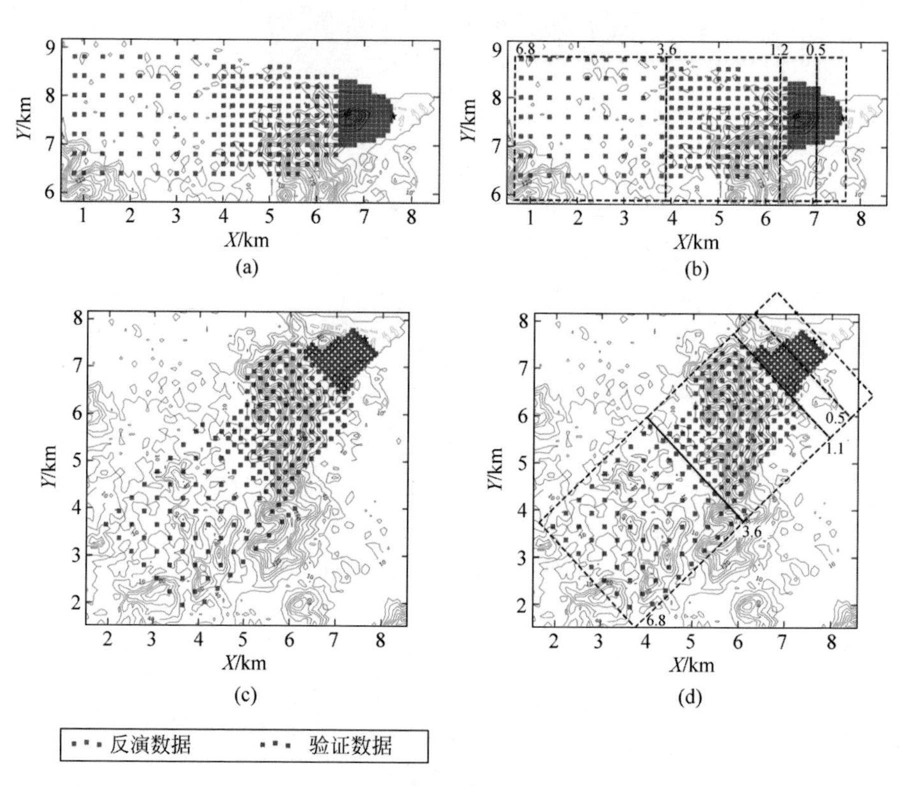

图 3.2　不同实验算例的数据集

(a)，(c) 独立验证实验数据集(反演：红，验证：蓝)；

(b)，(d) 测量位置敏感性分析的分区设置

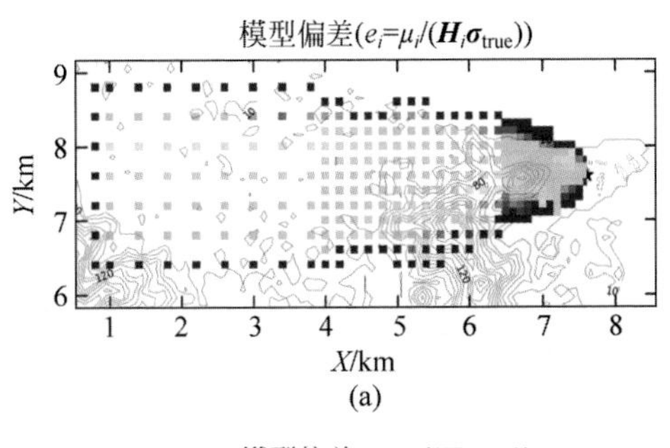

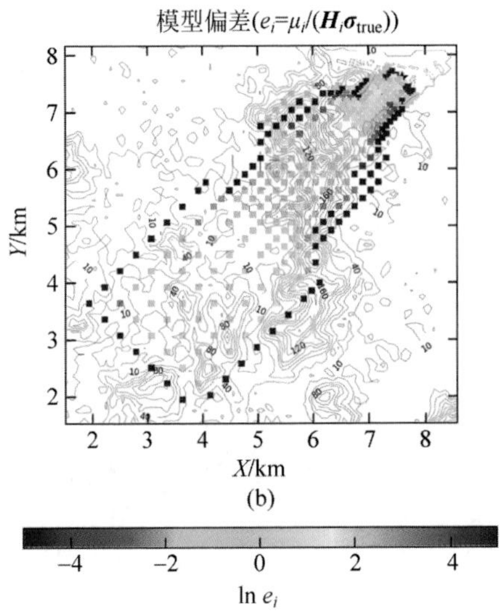

图 3.3 模型偏差

(a) E 方向；(b) NE 方向

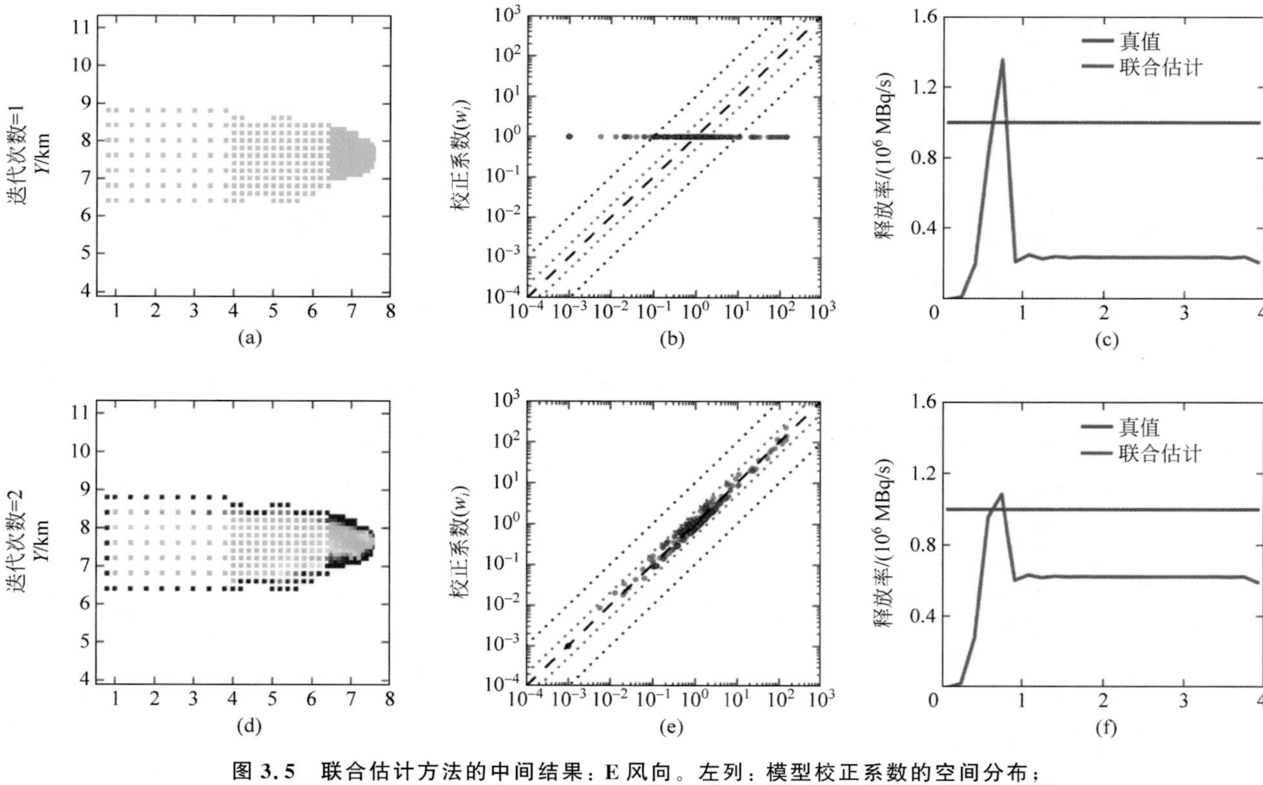

图 3.5　联合估计方法的中间结果：E 风向。左列：模型校正系数的空间分布；中间列：模型校正系数和真实模型偏差的散点图；右列：源项估计结果

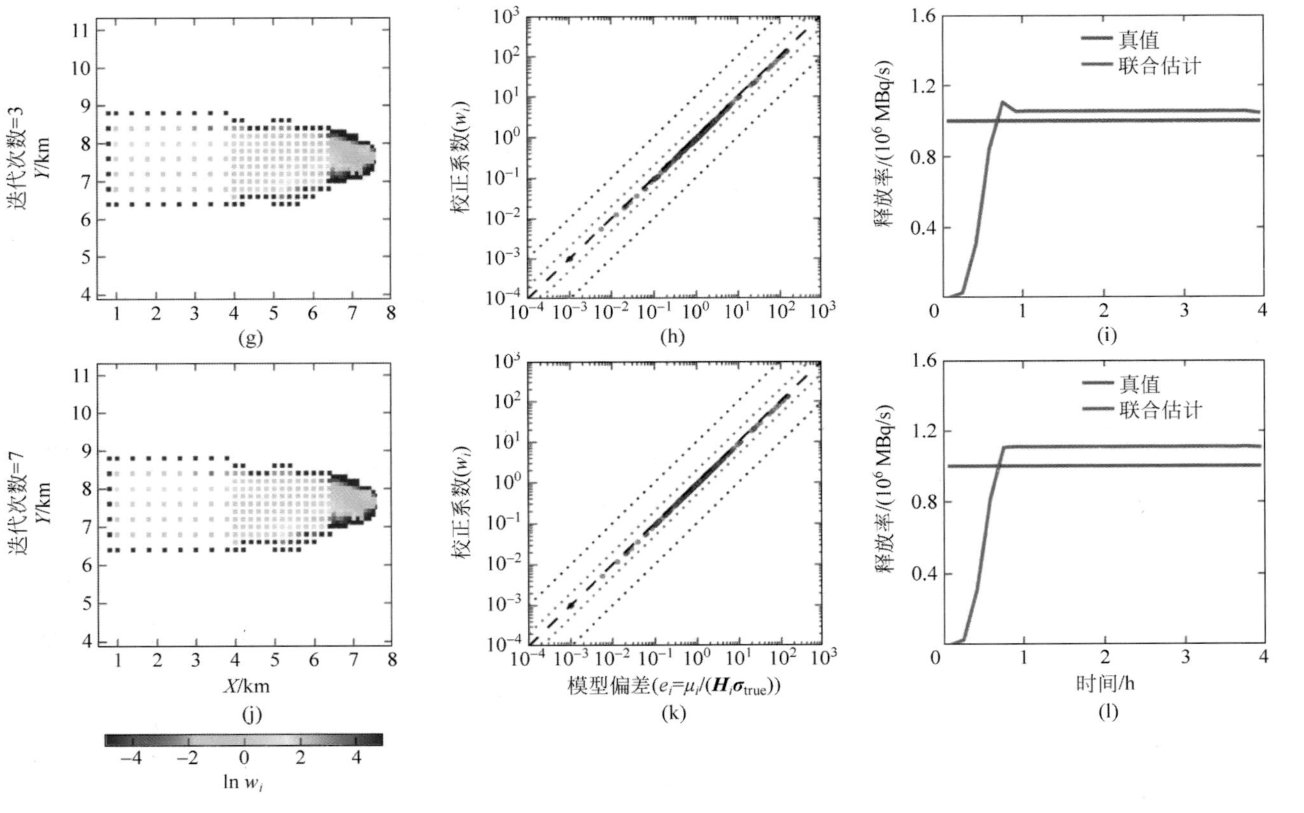
迭代次数=3
Y/km
迭代次数=7
Y/km
X/km
ln w_i
校正系数(w_i)
模型偏差($e_i=\mu_i/(\boldsymbol{H}_i\boldsymbol{\sigma}_{\mathrm{true}})$)
释放率/(10^6 MBq/s)
真值
联合估计
时间/h
(g)
(h)
(i)
(j)
(k)
(l)

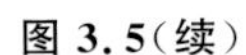

图 3.5(续)

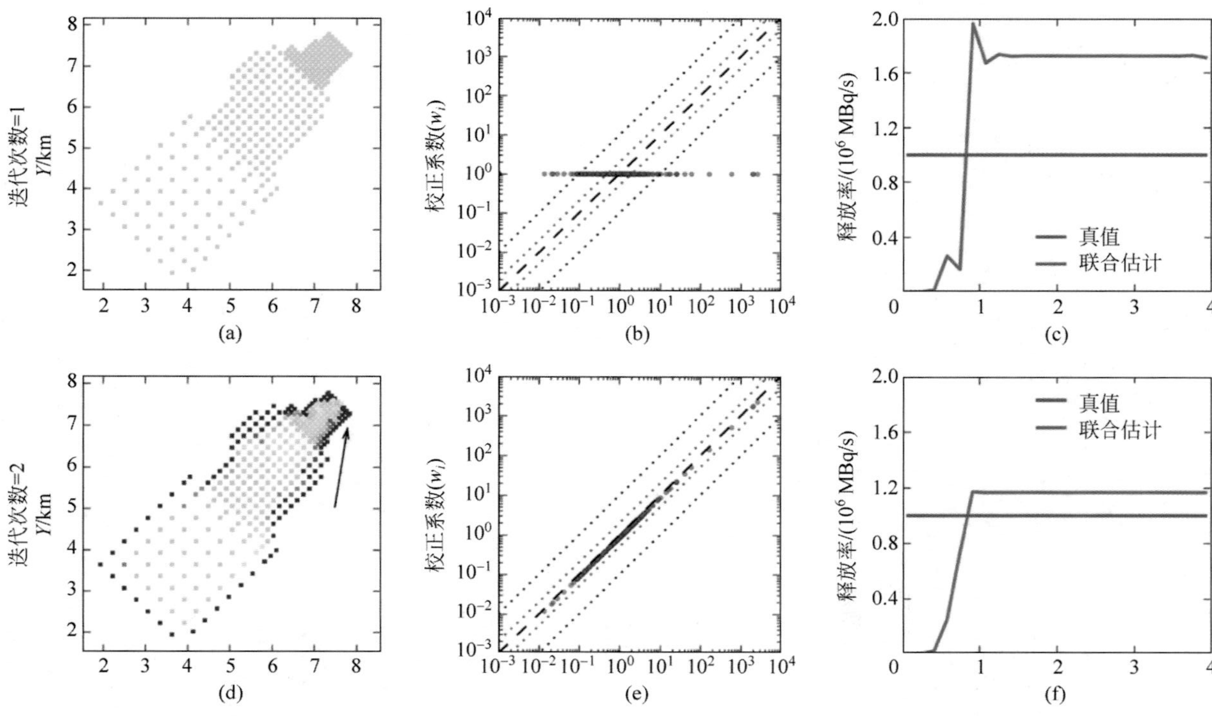

图 3.6　联合估计方法的中间结果：NE 风向。左列：模型校正系数的空间分布；中间列：模型校正系数和真实模型偏差的散点图；右列：源项估计结果

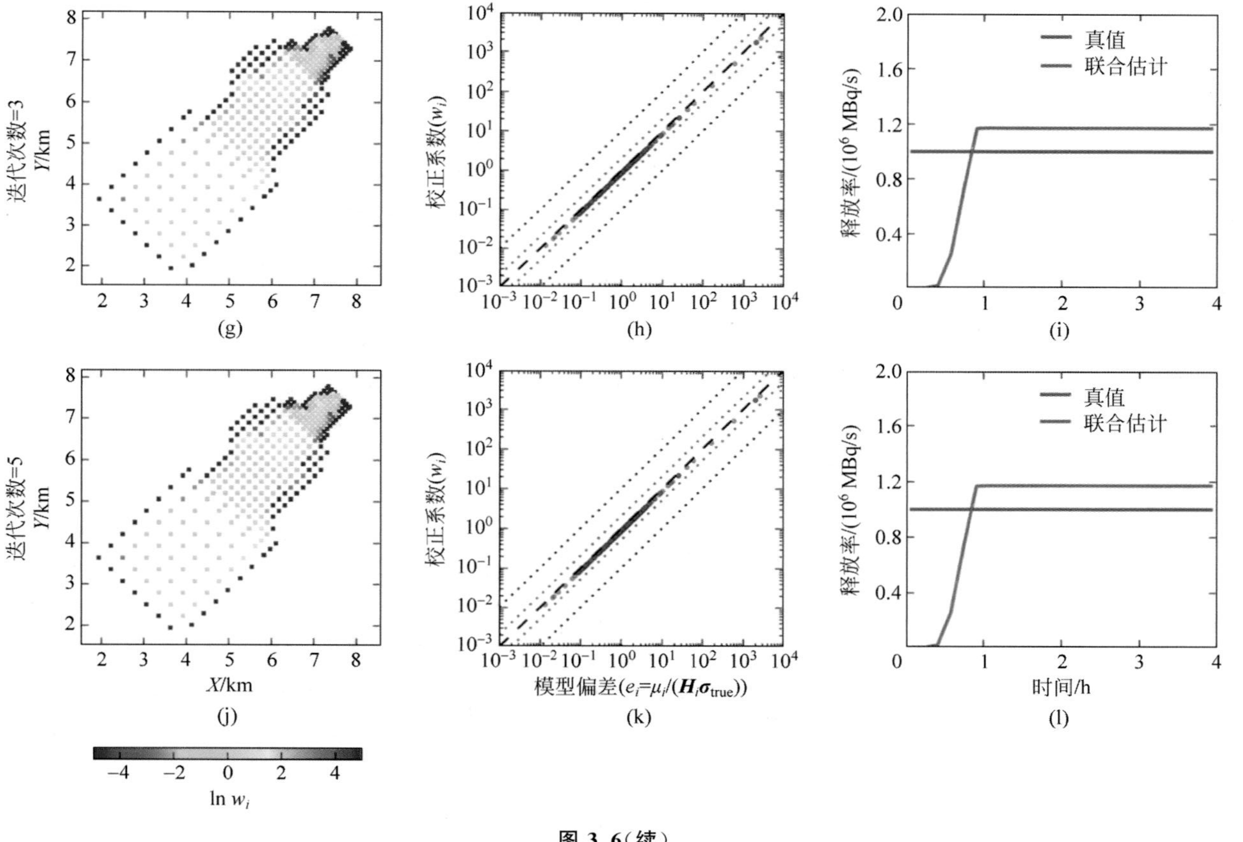
迭代次数=3
Y/km
(g)
校正系数(w_i)
(h)
释放率/(10^6 MBq/s)
真值
联合估计
(i)
迭代次数=5
Y/km
X/km
(j)
校正系数(w_i)
模型偏差(e_i=μ_i/($\boldsymbol{H}_i\boldsymbol{\sigma}_{\text{true}}$))
(k)
释放率/(10^6 MBq/s)
真值
联合估计
时间/h
(l)
ln w_i

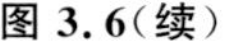

图 3.6(续)

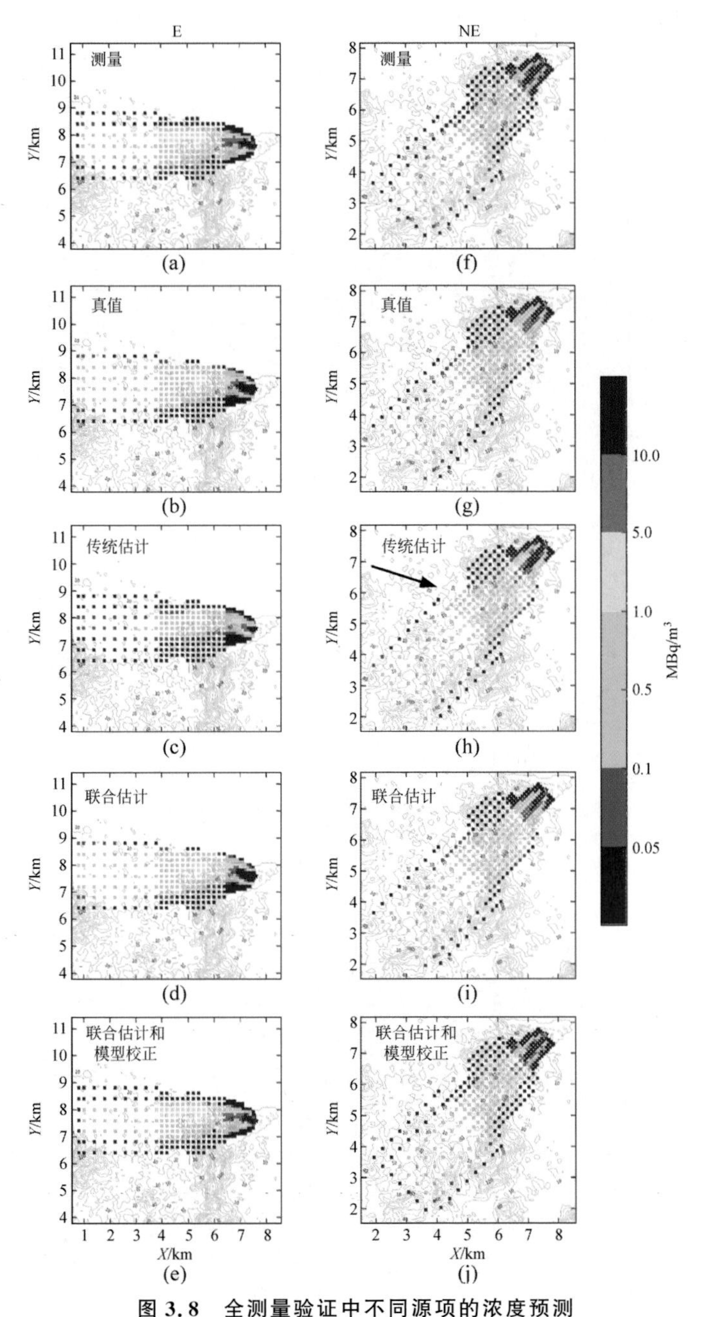

图 3.8　全测量验证中不同源项的浓度预测

(a),(f) 测量值；(b),(g) 真实释放率；(c),(h) 传统估计；(d),(i) 联合估计；(e),(j) 联合估计和模型校正

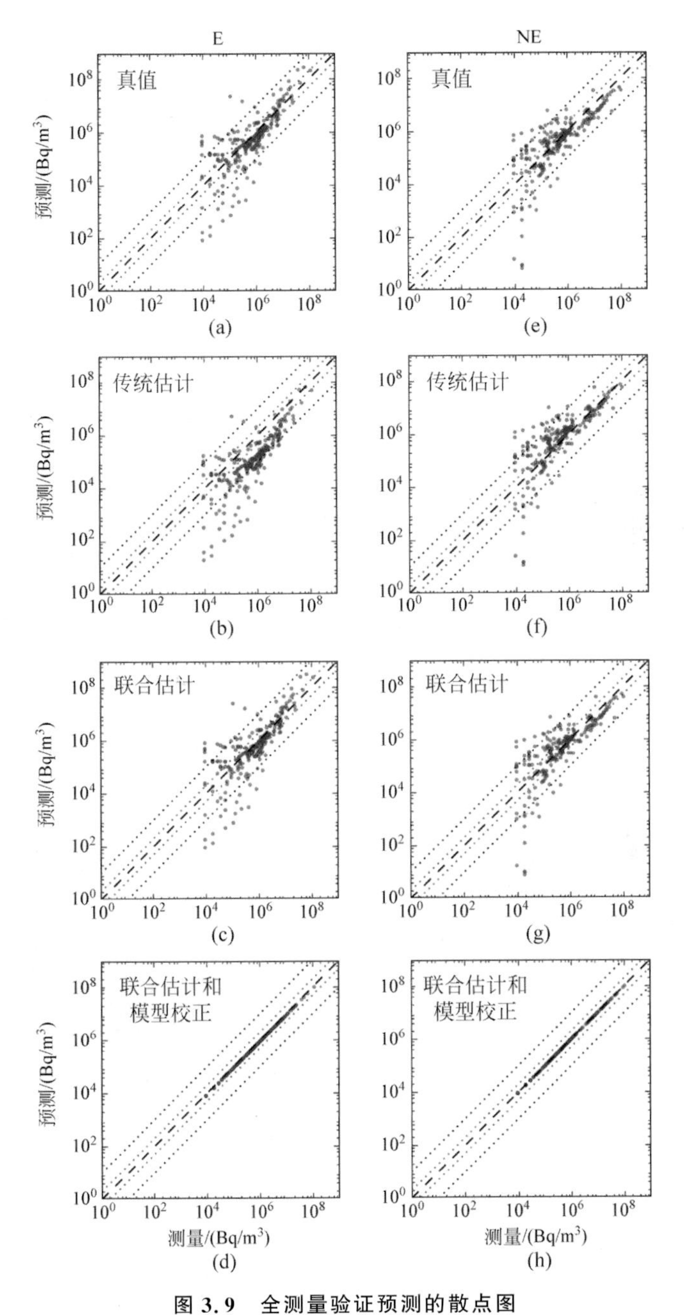

图 3.9　全测量验证预测的散点图

(a),(e) 真实源项；(b),(f) Tikhonov 估计；(c),(g) 联合估计；
(d),(j) 联合估计和模型校正

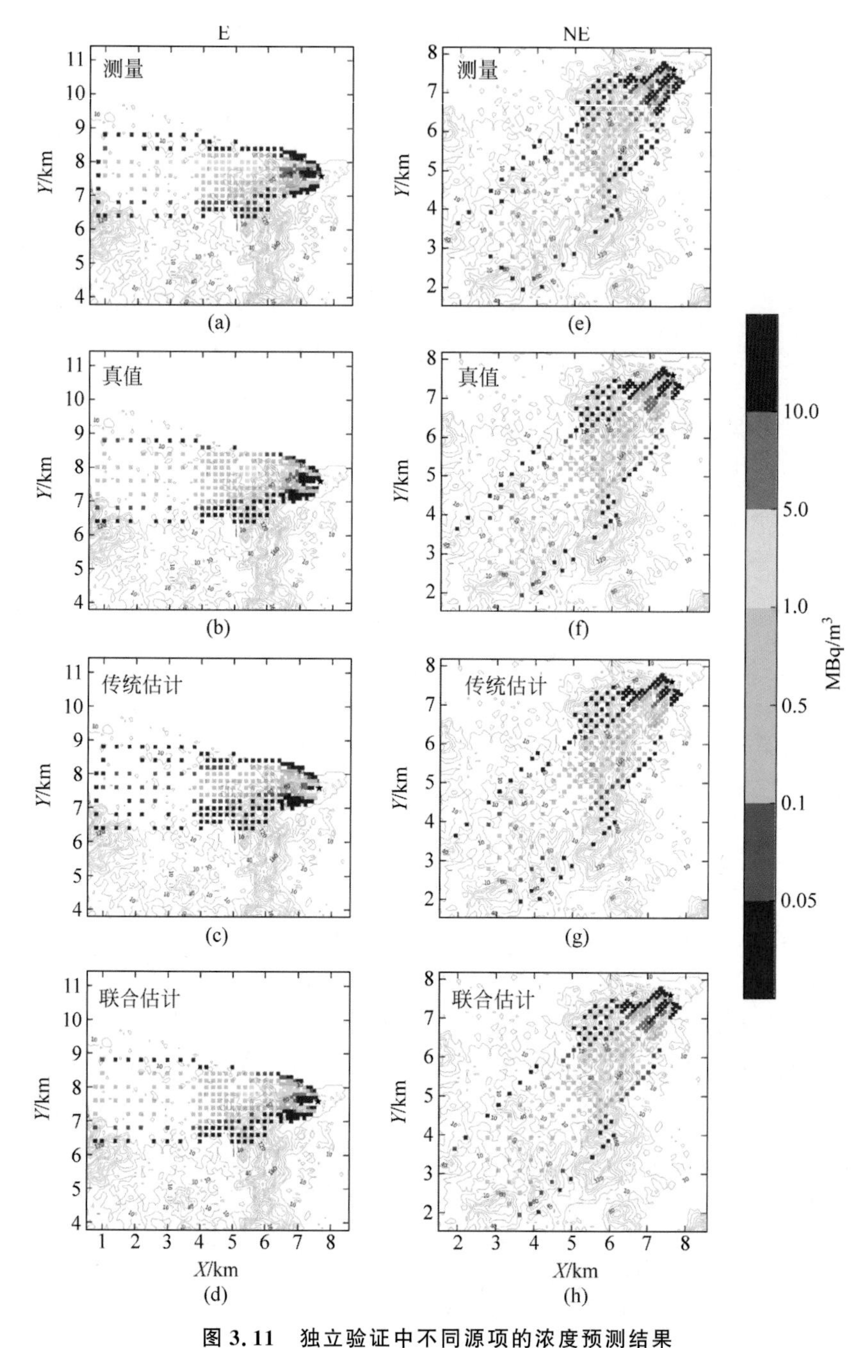

图 3.11 独立验证中不同源项的浓度预测结果

(a),(e) 测量值；(b),(f) 真实源项；(c),(g) 传统估计；(d),(h) 联合估计

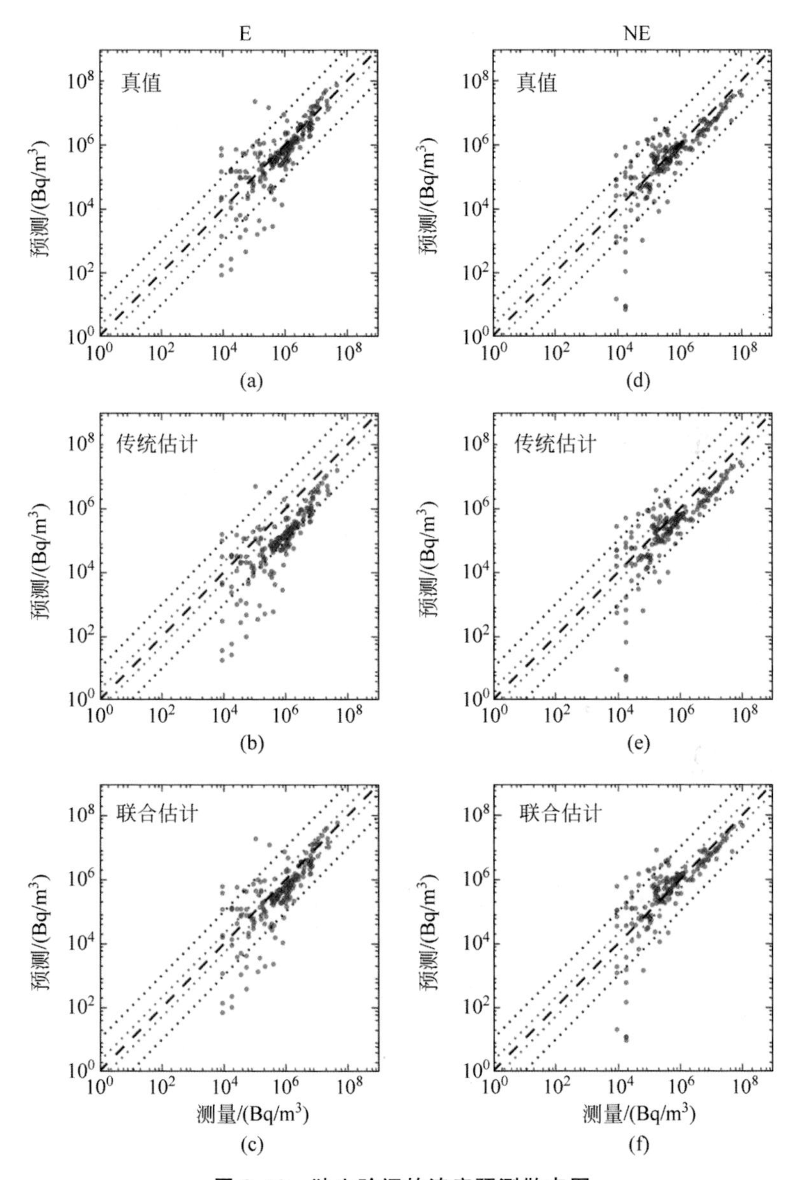

图 3.12 独立验证的浓度预测散点图

(a),(d) 真实源项；(b),(e) 传统估计；(c),(f) 联合估计

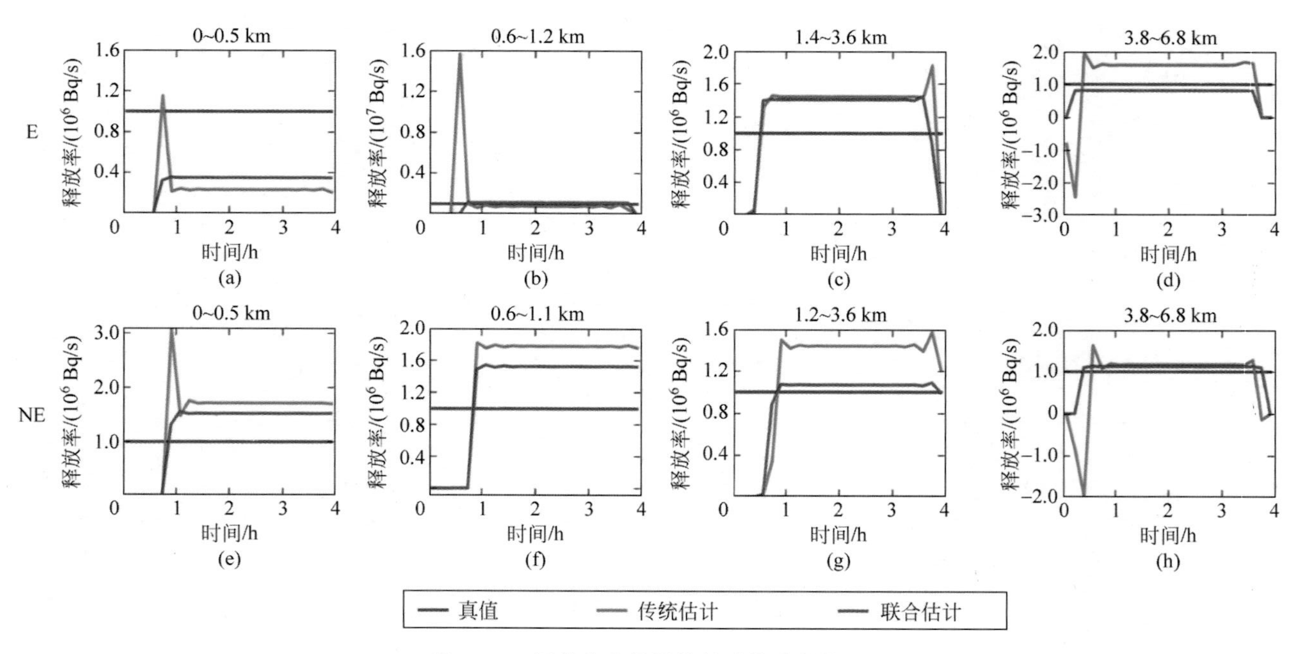

图 3.13　测量站点位置的敏感性分析结果

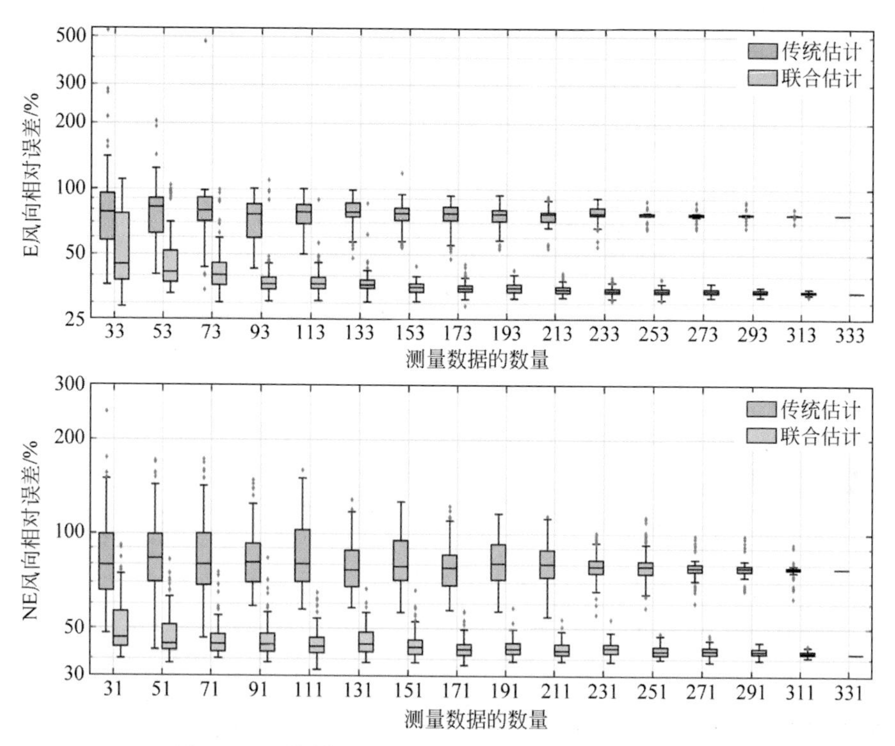

图 3.14　测量数据数量和质量敏感性分析的相对误差

每个框的中间线是中位数，框的下/上边界表示第25%/75%。围栏表示上四分位/下四分位的四分位间距的1.5倍。点表示不在围栏之间的异常值

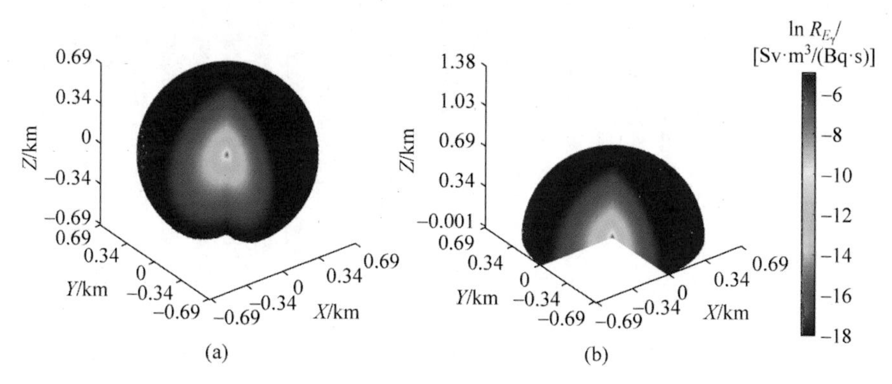

图 4.2　不同配置的^{41}Ar卷积核

(a) 适用于空气剂量率计算的各向同性卷积核；(b) 适用于地面剂量率计算的各向异性卷积核

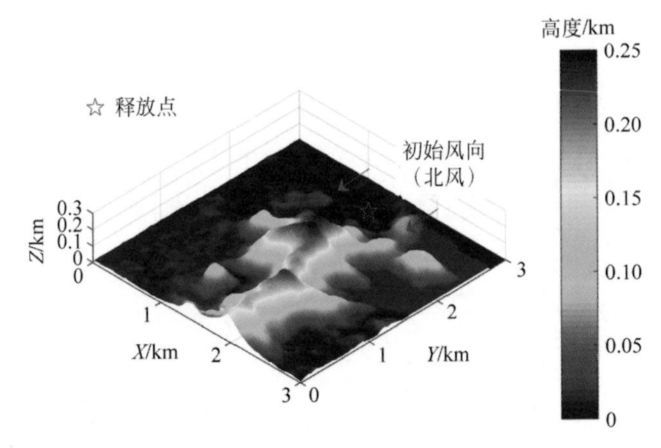

图 4.3　TC4 中高度异质的地形

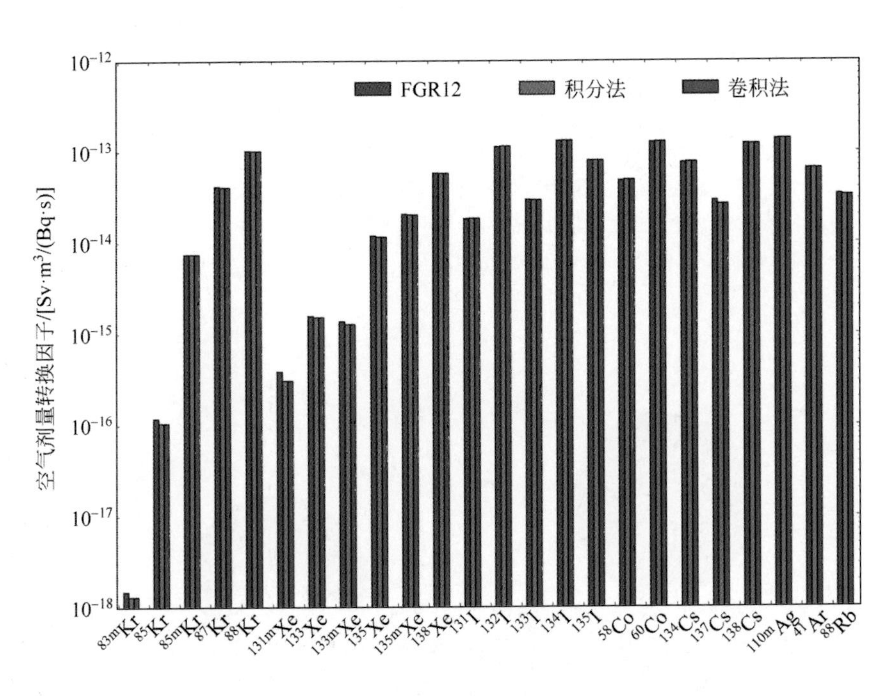

图 4.6　不同方法计算的空气剂量转换因子的结果对比图

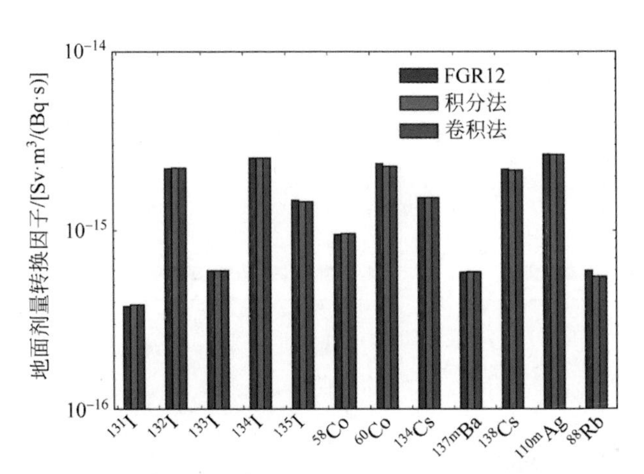

图 4.7 不同方法计算的地面剂量转换因子的结果对比图

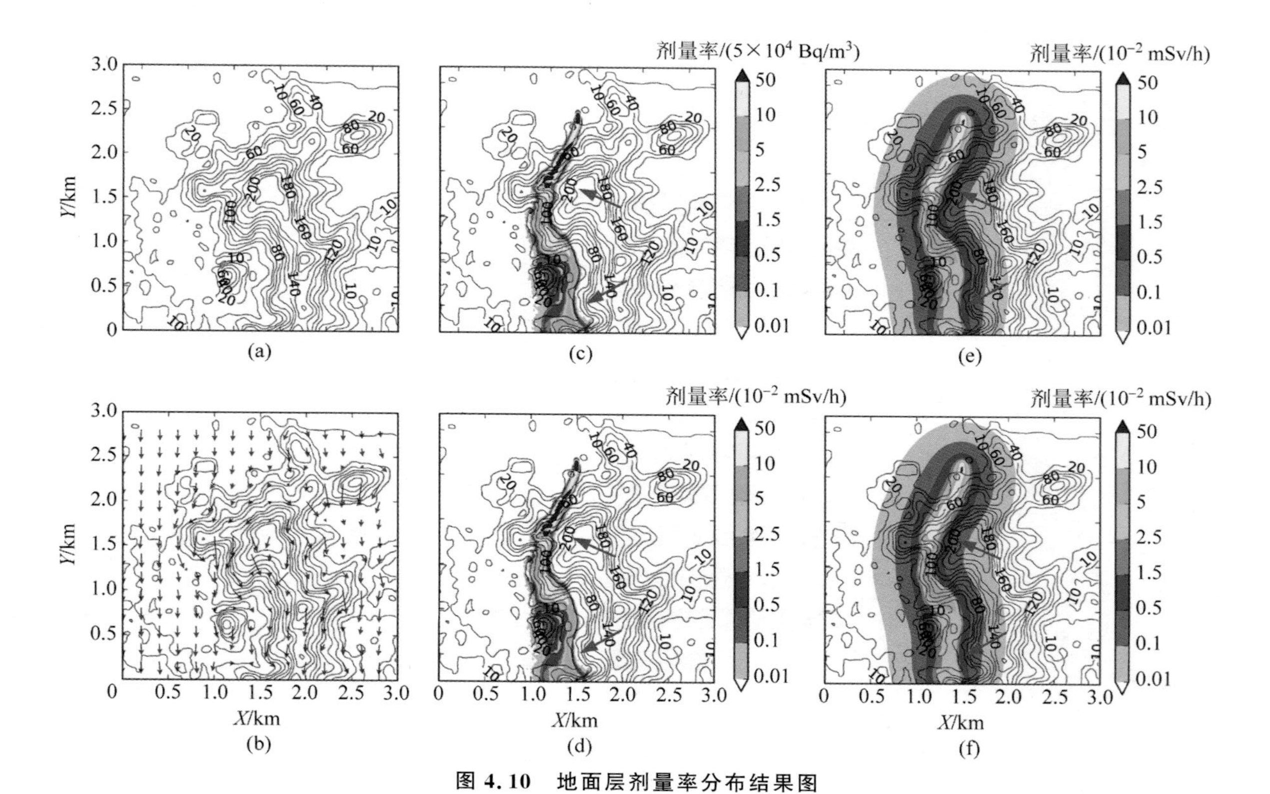

图 4.10　地面层剂量率分布结果图

(a) 地形图；(b) 风场图；(c) 地面层放射性核素分布；(d)～(f) 分别为半无限烟云法、三维积分法和基于 FFT 的卷积法计算的地面层剂量率分布图

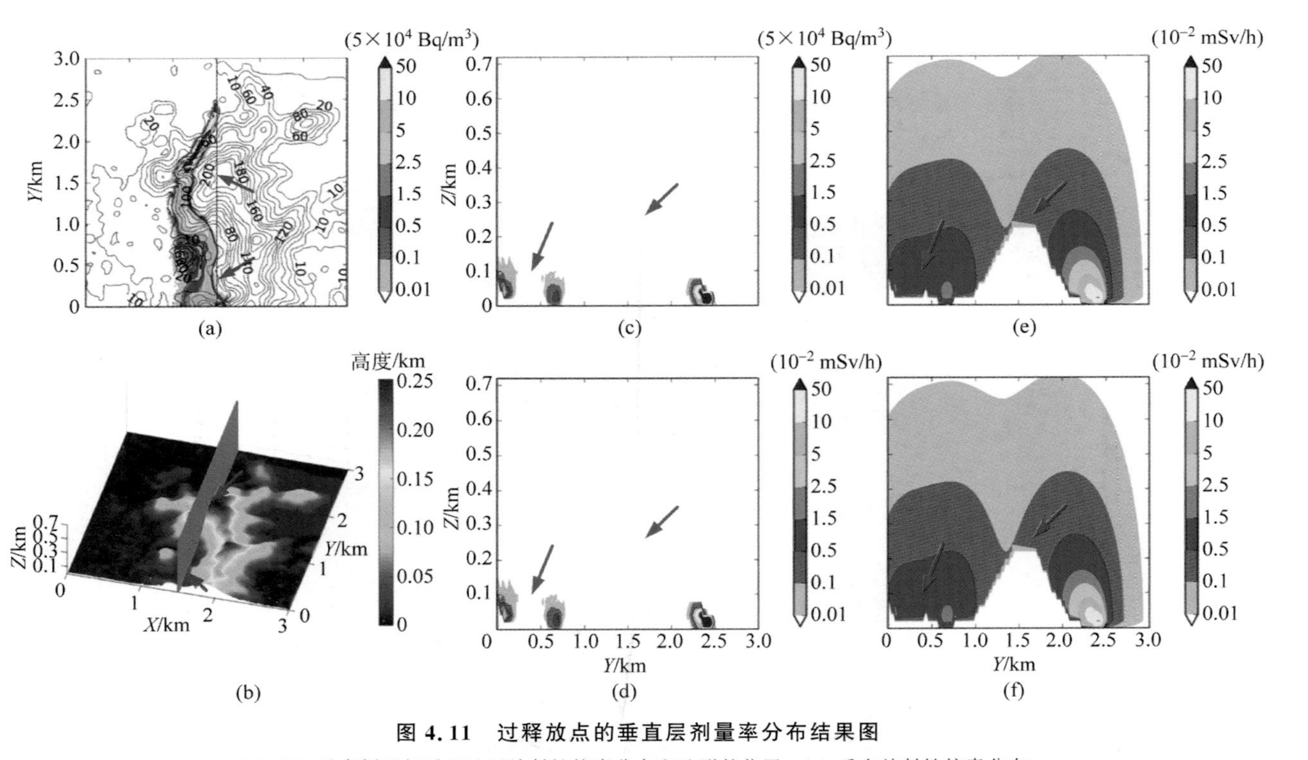

图 4.11　过释放点的垂直层剂量率分布结果图

(a),(b) 垂直剖面相对于地面放射性核素分布和地形的位置；(c) 垂向放射性核素分布；
(d)～(f) 分别通过半无限烟云法、三维积分法和基于 FFT 的卷积法计算的垂向剂量率分布

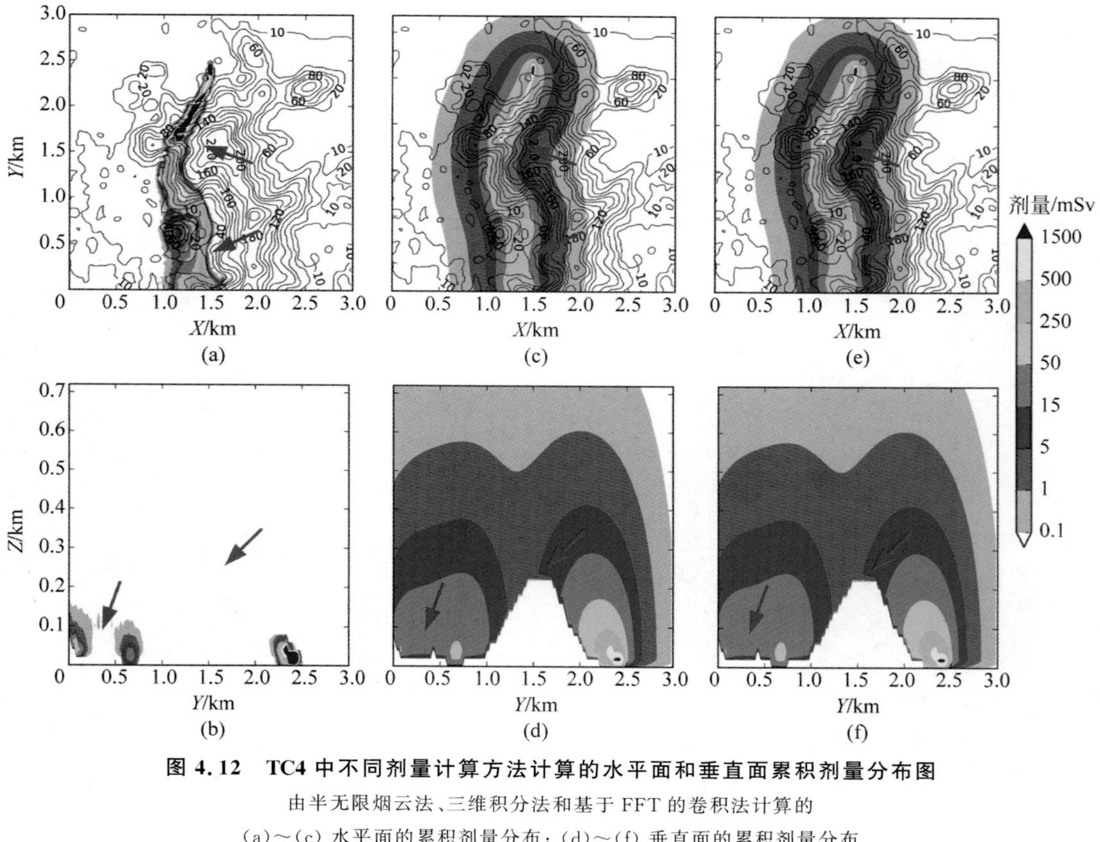

图 4.12　TC4 中不同剂量计算方法计算的水平面和垂直面累积剂量分布图

由半无限烟云法、三维积分法和基于 FFT 的卷积法计算的

(a)～(c) 水平面的累积剂量分布；(d)～(f) 垂直面的累积剂量分布

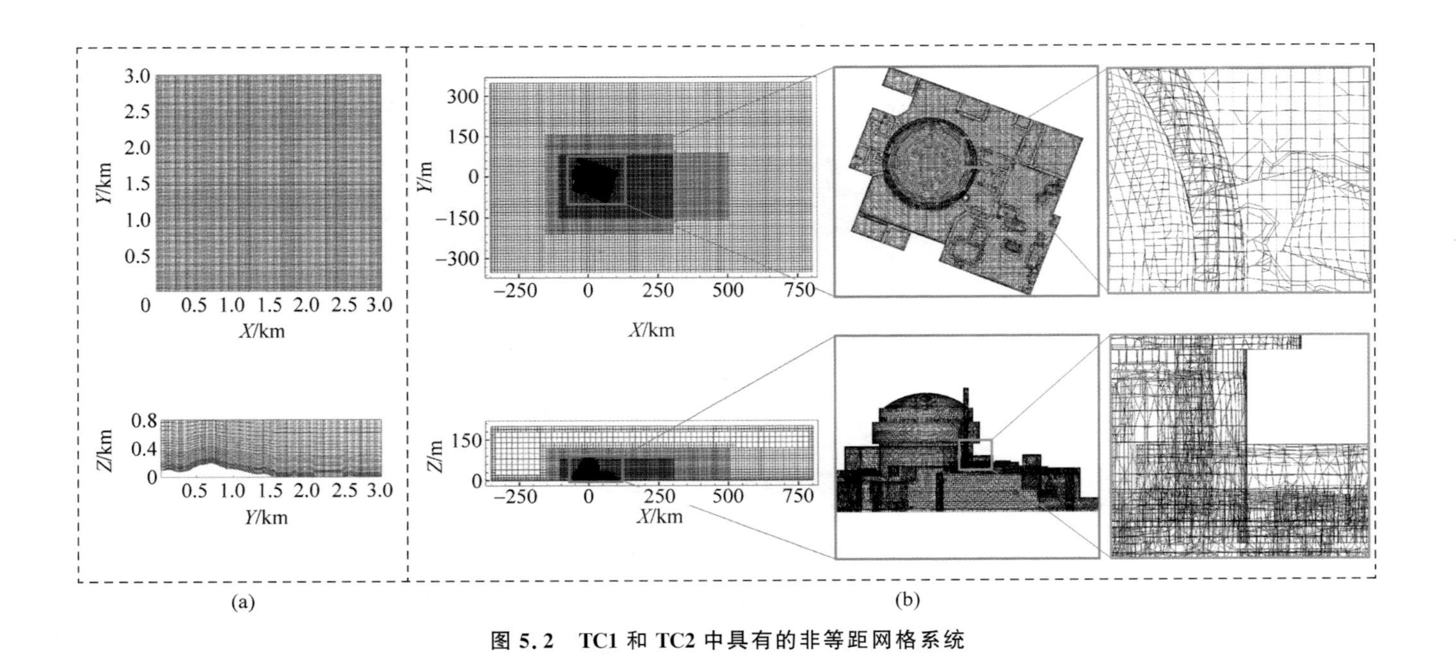

图 5.2　TC1 和 TC2 中具有的非等距网格系统

（a）TC1；（b）TC2

图中橙色方框和蓝色方框分别放大了 TC2 中建筑和建筑边缘上的网格

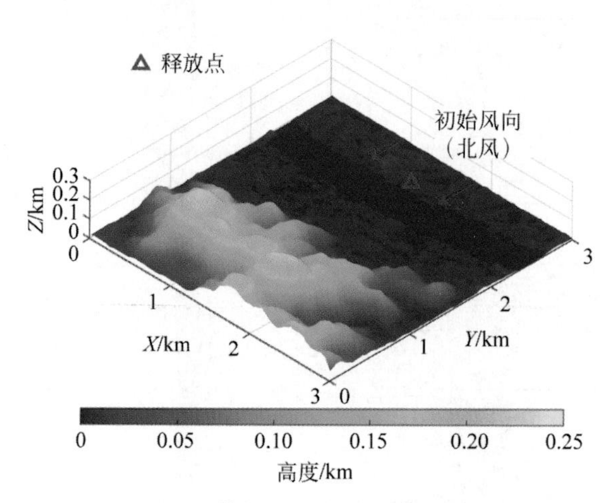

图 5.3 算例 TC1 中的复杂地形图

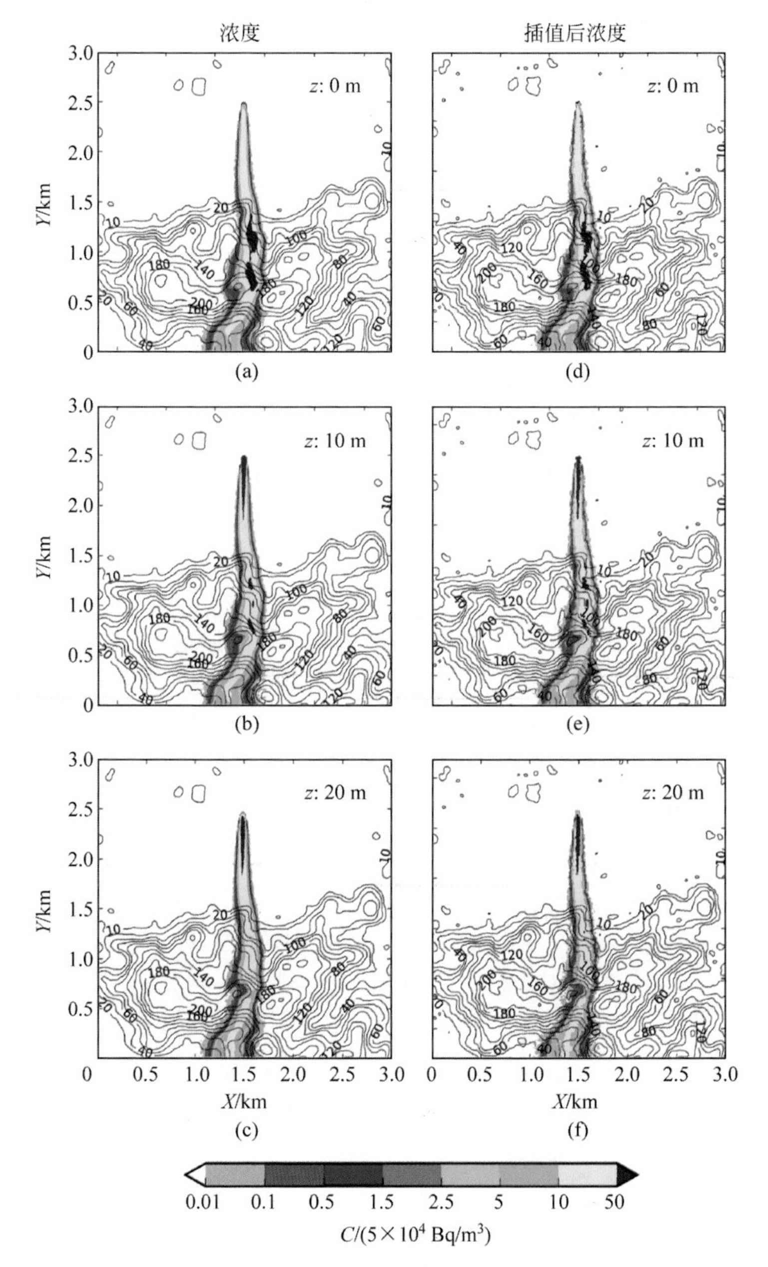

图 5.5 TC1 中最低三层的水平浓度分布和质量分布

(a)～(c) 浓度分布；(d)～(f) 插值后浓度分布；

(g)～(i) 质量分布；(j)～(l) 插值后质量分布

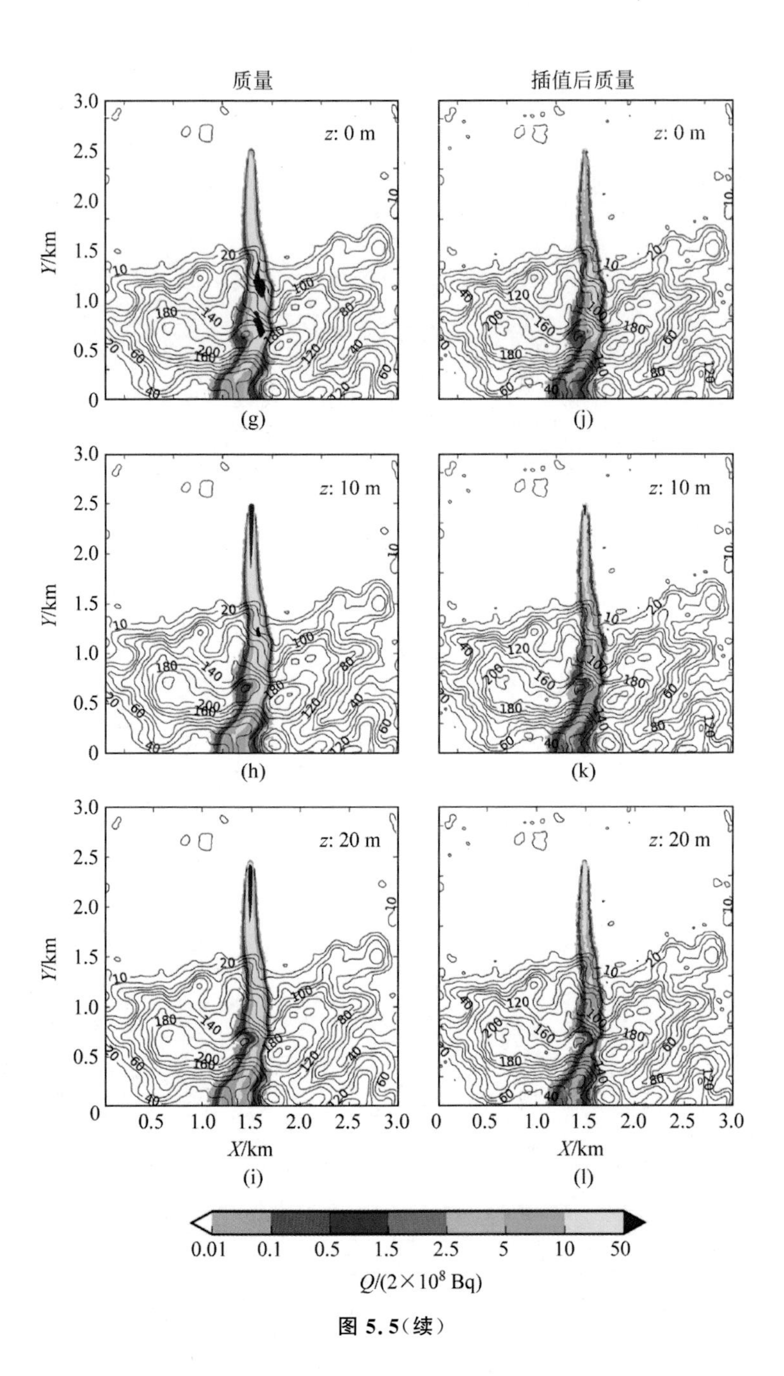

图 5.5（续）

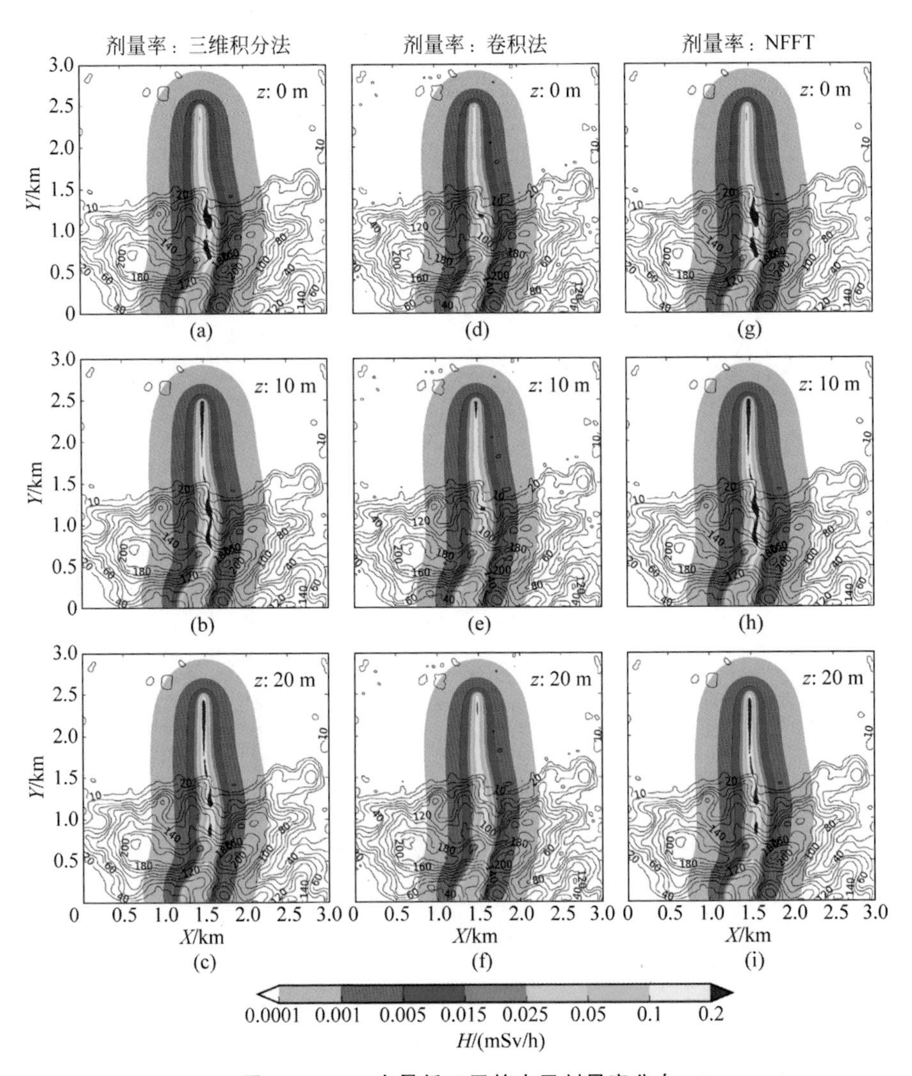

图 5.6 TC1 中最低三层的水平剂量率分布

从左至右的三列分别为由三维积分法、卷积法和 NFFT 法计算得到的剂量率分布

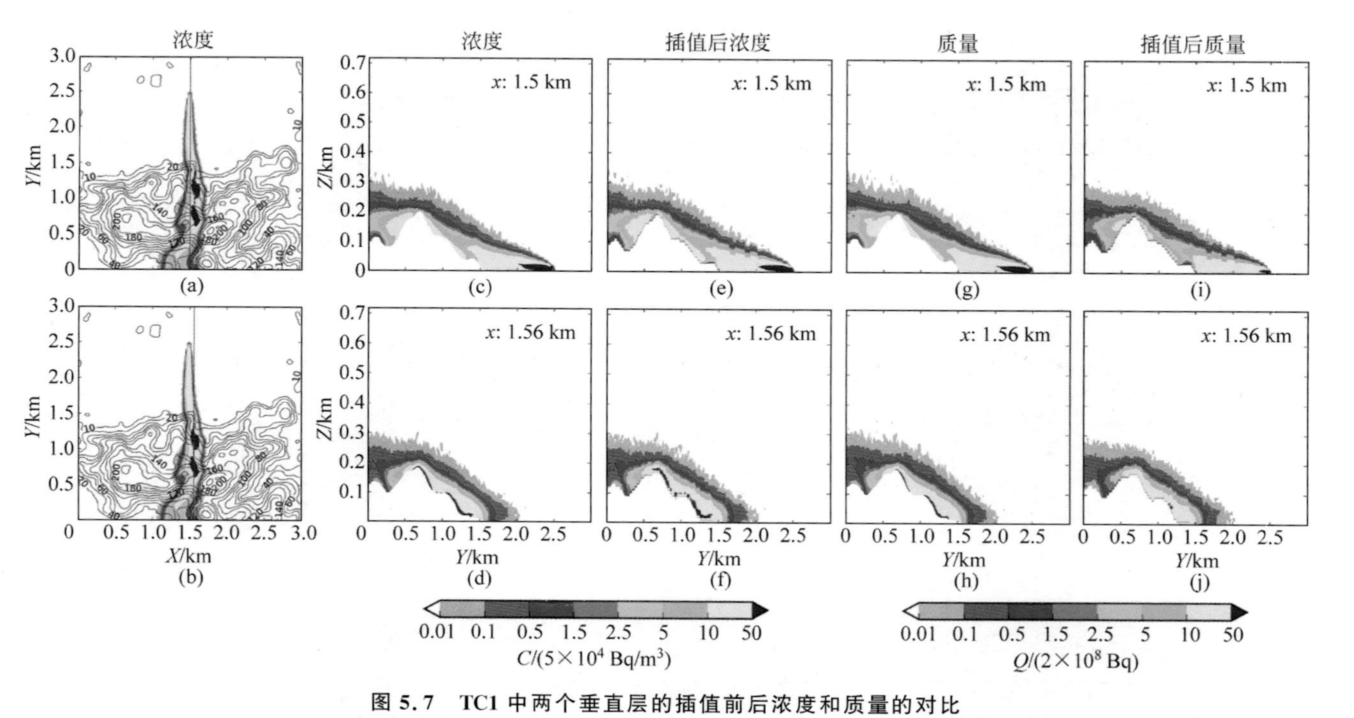

图 5.7 TC1 中两个垂直层的插值前后浓度和质量的对比

(a),(b) 水平浓度分布,红线位置为垂直层所在的地面位置;(c),(d) 浓度分布;(e),(f) 插值后浓度分布;(g),(h) 质量分布;(i),(j) 插值后质量分布

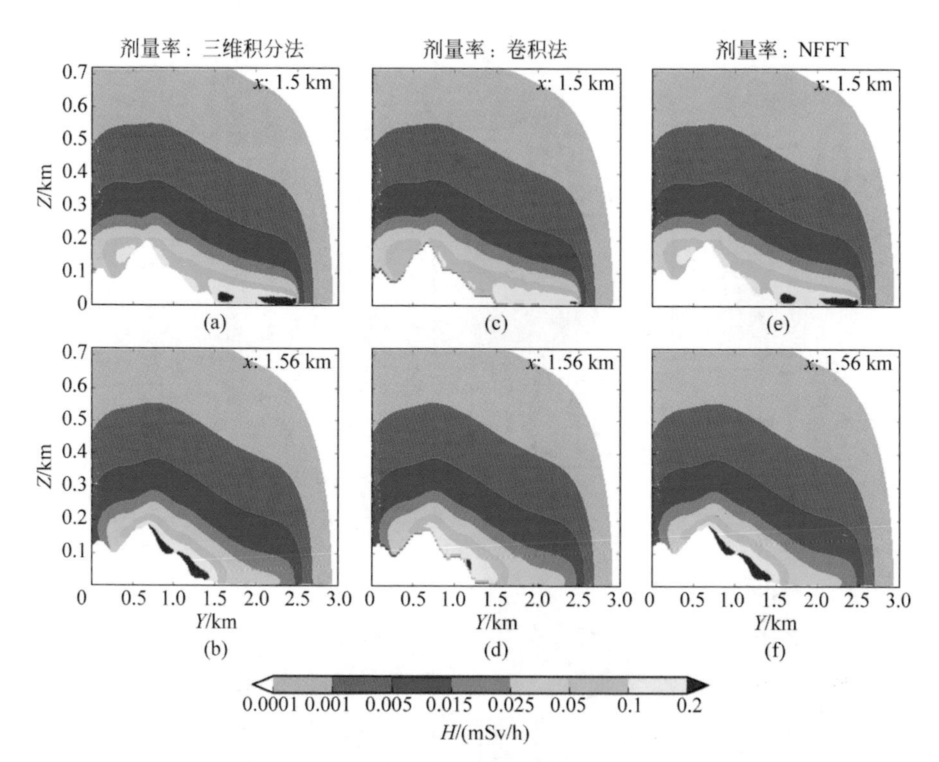

图 5.8 TC1 中两个垂直层的伽马剂量率分布

从左至右的三列分别为由三维积分法、卷积法和 NFFT 法计算得到的剂量率分布

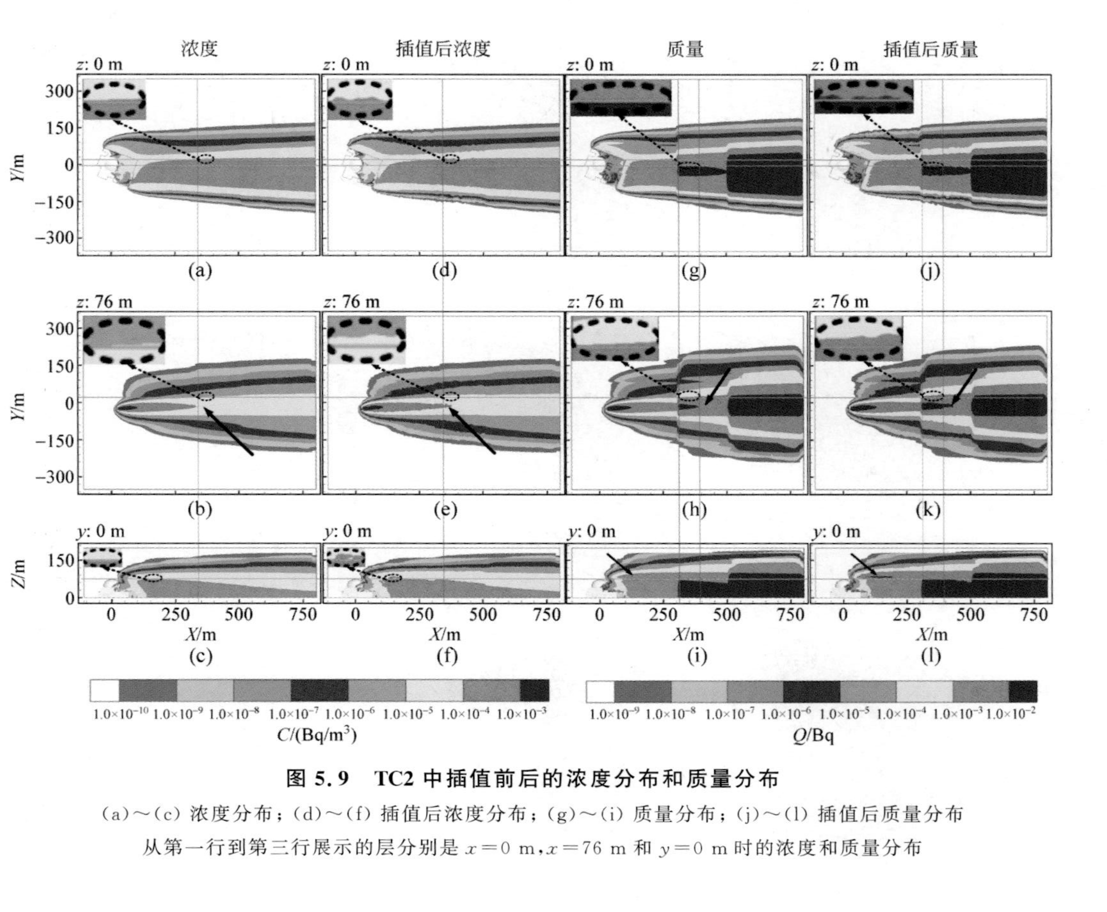

图 5.9　TC2 中插值前后的浓度分布和质量分布

(a)～(c) 浓度分布；(d)～(f) 插值后浓度分布；(g)～(i) 质量分布；(j)～(l) 插值后质量分布

从第一行到第三行展示的层分别是 $x=0$ m，$x=76$ m 和 $y=0$ m 时的浓度和质量分布

清华大学优秀博士学位论文丛书

核事故下气载放射性核素的辐射风险预测研究

李新鹏（Li Xinpeng）著

Research on the Radiation Risk Prediction of Airborne Radionuclides from Nuclear Accidents

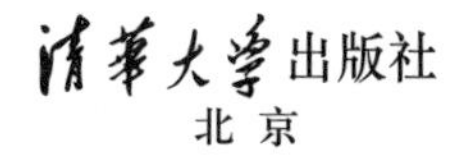

北京

内容简介

本书阐明了工况缺失与复杂环境条件下，辐射预测不确定性的产生机理、传递机制和模型不匹配现象，提出了精细建模方法、联合估计方法和通用型剂量计算方法，并通过数值模拟实验、风洞实验和真实场地实验的系统性验证，减少模型偏差及其在计算链中的传递，消减模型不匹配带来的后果评估偏差，建立了一套验证充分、稳健准确的放射性风险预测理论框架，提高核事故应急后果评价系统的评价效果，满足严重核事故与先进堆的核应急需求。

本书可供核事故应急、核安全等领域的高等院校师生和科研院所研究人员及相关技术人员阅读参考。

图书在版编目(CIP)数据

核事故下气载放射性核素的辐射风险预测研究/李新鹏著. —北京：清华大学出版社，2023.1

(清华大学优秀博士学位论文丛书)

ISBN 978-7-302-61277-3

Ⅰ. ①核… Ⅱ. ①李… Ⅲ. ①放射性事故－放射性同位素－辐射防护－研究 Ⅳ. ①TL73

中国版本图书馆 CIP 数据核字(2022)第 121817 号

责任编辑：黎 强 孙亚楠
封面设计：傅瑞学
责任校对：欧 洋
责任印制：朱雨萌

出版发行：清华大学出版社
网 址：http://www.tup.com.cn，http://www.wqbook.com
地 址：北京清华大学学研大厦 A 座 **邮 编**：100084
社 总 机：010-83470000 **邮 购**：010-62786544
投稿与读者服务：010-62776969，c-service@tup.tsinghua.edu.cn
质量反馈：010-62772015，zhiliang@tup.tsinghua.edu.cn
印 装 者：三河市东方印刷有限公司
经 销：全国新华书店
开 本：155mm×235mm **印 张**：9.75 **插 页**：17 **字 数**：199 千字
版 次：2023 年 2 月第 1 版 **印 次**：2023 年 2 月第1次印刷
定 价：89.00 元

产品编号：092350-01

一流博士生教育
体现一流大学人才培养的高度(代丛书序)[①]

人才培养是大学的根本任务。只有培养出一流人才的高校,才能够成为世界一流大学。本科教育是培养一流人才最重要的基础,是一流大学的底色,体现了学校的传统和特色。博士生教育是学历教育的最高层次,体现出一所大学人才培养的高度,代表着一个国家的人才培养水平。清华大学正在全面推进综合改革,深化教育教学改革,探索建立完善的博士生选拔培养机制,不断提升博士生培养质量。

学术精神的培养是博士生教育的根本

学术精神是大学精神的重要组成部分,是学者与学术群体在学术活动中坚守的价值准则。大学对学术精神的追求,反映了一所大学对学术的重视、对真理的热爱和对功利性目标的摒弃。博士生教育要培养有志于追求学术的人,其根本在于学术精神的培养。

无论古今中外,博士这一称号都和学问、学术紧密联系在一起,和知识探索密切相关。我国的博士一词起源于2000多年前的战国时期,是一种学官名。博士任职者负责保管文献档案、编撰著述,须知识渊博并负有传授学问的职责。东汉学者应劭在《汉官仪》中写道:“博者,通博古今;士者,辩于然否。”后来,人们逐渐把精通某种职业的专门人才称为博士。博士作为一种学位,最早产生于12世纪,最初它是加入教师行会的一种资格证书。19世纪初,德国柏林大学成立,其哲学院取代了以往神学院在大学中的地位,在大学发展的历史上首次产生了由哲学院授予的哲学博士学位,并赋予了哲学博士深层次的教育内涵,即推崇学术自由、创造新知识。哲学博士的设立标志着现代博士生教育的开端,博士则被定义为独立从事学术研究、具备创造新知识能力的人,是学术精神的传承者和光大者。

---

① 本文首发于《光明日报》,2017年12月5日。

博士生学习期间是培养学术精神最重要的阶段。博士生需要接受严谨的学术训练，开展深入的学术研究，并通过发表学术论文、参与学术活动及博士论文答辩等环节，证明自身的学术能力。更重要的是，博士生要培养学术志趣，把对学术的热爱融入生命之中，把捍卫真理作为毕生的追求。博士生更要学会如何面对干扰和诱惑，远离功利，保持安静、从容的心态。学术精神，特别是其中所蕴含的科学理性精神、学术奉献精神，不仅对博士生未来的学术事业至关重要，对博士生一生的发展都大有裨益。

独创性和批判性思维是博士生最重要的素质

博士生需要具备很多素质，包括逻辑推理、言语表达、沟通协作等，但是最重要的素质是独创性和批判性思维。

学术重视传承，但更看重突破和创新。博士生作为学术事业的后备力量，要立志于追求独创性。独创意味着独立和创造，没有独立精神，往往很难产生创造性的成果。1929 年 6 月 3 日，在清华大学国学院导师王国维逝世二周年之际，国学院师生为纪念这位杰出的学者，募款修造“海宁王静安先生纪念碑”，同为国学院导师的陈寅恪先生撰写了碑铭，其中写道：“先生之著述，或有时而不章；先生之学说，或有时而可商；惟此独立之精神，自由之思想，历千万祀，与天壤而同久，共三光而永光。”这是对于一位学者的极高评价。中国著名的史学家、文学家司马迁所讲的“究天人之际，通古今之变，成一家之言”也是强调要在古今贯通中形成自己独立的见解，并努力达到新的高度。博士生应该以“独立之精神、自由之思想”来要求自己，不断创造新的学术成果。

诺贝尔物理学奖获得者杨振宁先生曾在 20 世纪 80 年代初对到访纽约州立大学石溪分校的 90 多名中国学生、学者提出：“独创性是科学工作者最重要的素质。”杨先生主张做研究的人一定要有独创的精神、独到的见解和独立研究的能力。在科技如此发达的今天，学术上的独创性变得越来越难，也愈加珍贵和重要。博士生要树立敢为天下先的志向，在独创性上下功夫，勇于挑战最前沿的科学问题。

批判性思维是一种遵循逻辑规则、不断质疑和反省的思维方式，具有批判性思维的人勇于挑战自己，敢于挑战权威。批判性思维的缺乏往往被认为是中国学生特有的弱项，也是我们在博士生培养方面存在的一个普遍问题。2001 年，美国卡内基基金会开展了一项“卡内基博士生教育创新计划”，针对博士生教育进行调研，并发布了研究报告。该报告指出：在美国和欧洲,培养学生保持批判而质疑的眼光看待自己、同行和导师的观点同样非常不容易,批判性思维的培养必须成为博士生培养项目的组成部分。

对于博士生而言,批判性思维的养成要从如何面对权威开始。为了鼓励学生质疑学术权威、挑战现有学术范式,培养学生的挑战精神和创新能力,清华大学在 2013 年发起“巅峰对话”,由学生自主邀请各学科领域具有国际影响力的学术大师与清华学生同台对话。该活动迄今已经举办了 21 期,先后邀请 17 位诺贝尔奖、3 位图灵奖、1 位菲尔兹奖获得者参与对话。诺贝尔化学奖得主巴里·夏普莱斯(Barry Sharpless)在 2013 年 11 月来清华参加“巅峰对话”时,对于清华学生的质疑精神印象深刻。他在接受媒体采访时谈道:“清华的学生无所畏惧,请原谅我的措辞,但他们真的很有胆量。”这是我听到的对清华学生的最高评价,博士生就应该具备这样的勇气和能力。培养批判性思维更难的一层是要有勇气不断否定自己,有一种不断超越自己的精神。爱因斯坦说:“在真理的认识方面,任何以权威自居的人,必将在上帝的嬉笑中垮台。”这句名言应该成为每一位从事学术研究的博士生的箴言。

提高博士生培养质量有赖于构建全方位的博士生教育体系

一流的博士生教育要有一流的教育理念,需要构建全方位的教育体系,把教育理念落实到博士生培养的各个环节中。

在博士生选拔方面,不能简单按考分录取,而是要侧重评价学术志趣和创新潜力。知识结构固然重要,但学术志趣和创新潜力更关键,考分不能完全反映学生的学术潜质。清华大学在经过多年试点探索的基础上,于 2016 年开始全面实行博士生招生“申请-审核”制,从原来的按照考试分数招收博士生,转变为按科研创新能力、专业学术潜质招收,并给予院系、学科、导师更大的自主权。《清华大学“申请-审核”制实施办法》明晰了导师和院系在考核、遴选和推荐上的权力和职责,同时确定了规范的流程及监管要求。

在博士生指导教师资格确认方面,不能论资排辈,要更看重教师的学术活力及研究工作的前沿性。博士生教育质量的提升关键在于教师,要让更多、更优秀的教师参与到博士生教育中来。清华大学从 2009 年开始探索将博士生导师评定权下放到各学位评定分委员会,允许评聘一部分优秀副教授担任博士生导师。近年来,学校在推进教师人事制度改革过程中,明确教研系列助理教授可以独立指导博士生,让富有创造活力的青年教师指导优秀的青年学生,师生相互促进、共同成长。

在促进博士生交流方面，要努力突破学科领域的界限，注重搭建跨学科的平台。跨学科交流是激发博士生学术创造力的重要途径，博士生要努力提升在交叉学科领域开展科研工作的能力。清华大学于2014年创办了"微沙龙"平台，同学们可以通过微信平台随时发布学术话题，寻觅学术伙伴。3年来，博士生参与和发起"微沙龙"12 000多场，参与博士生达38 000多人次。"微沙龙"促进了不同学科学生之间的思想碰撞，激发了同学们的学术志趣。清华于2002年创办了博士生论坛，论坛由同学自己组织，师生共同参与。博士生论坛持续举办了500期，开展了18 000多场学术报告，切实起到了师生互动、教学相长、学科交融、促进交流的作用。学校积极资助博士生到世界一流大学开展交流与合作研究，超过60%的博士生有海外访学经历。清华于2011年设立了发展中国家博士生项目，鼓励学生到发展中国家亲身体验和调研，在全球化背景下研究发展中国家的各类问题。

在博士学位评定方面，权力要进一步下放，学术判断应该由各领域的学者来负责。院系二级学术单位应该在评定博士论文水平上拥有更多的权力，也应担负更多的责任。清华大学从2015年开始把学位论文的评审职责授权给各学位评定分委员会，学位论文质量和学位评审过程主要由各学位分委员会进行把关，校学位委员会负责学位管理整体工作，负责制度建设和争议事项处理。

全面提高人才培养能力是建设世界一流大学的核心。博士生培养质量的提升是大学办学质量提升的重要标志。我们要高度重视、充分发挥博士生教育的战略性、引领性作用，面向世界、勇于进取，树立自信、保持特色，不断推动一流大学的人才培养迈向新的高度。

邱勇

清华大学校长

2017年12月5日

丛书序二

以学术型人才培养为主的博士生教育，肩负着培养具有国际竞争力的高层次学术创新人才的重任，是国家发展战略的重要组成部分，是清华大学人才培养的重中之重。

作为首批设立研究生院的高校，清华大学自20世纪80年代初开始，立足国家和社会需要，结合校内实际情况，不断推动博士生教育改革。为了提供适宜博士生成长的学术环境，我校一方面不断地营造浓厚的学术氛围，一方面大力推动培养模式创新探索。我校从多年前就已开始运行一系列博士生培养专项基金和特色项目，激励博士生潜心学术、锐意创新，拓宽博士生的国际视野，倡导跨学科研究与交流，不断提升博士生培养质量。

博士生是最具创造力的学术研究新生力量，思维活跃，求真求实。他们在导师的指导下进入本领域研究前沿，吸取本领域最新的研究成果，拓宽人类的认知边界，不断取得创新性成果。这套优秀博士学位论文丛书，不仅是我校博士生研究工作前沿成果的体现，也是我校博士生学术精神传承和光大的体现。

这套丛书的每一篇论文均来自学校新近每年评选的校级优秀博士学位论文。为了鼓励创新，激励优秀的博士生脱颖而出，同时激励导师悉心指导，我校评选校级优秀博士学位论文已有20多年。评选出的优秀博士学位论文代表了我校各学科最优秀的博士学位论文的水平。为了传播优秀的博士学位论文成果，更好地推动学术交流与学科建设，促进博士生未来发展和成长，清华大学研究生院与清华大学出版社合作出版这些优秀的博士学位论文。

感谢清华大学出版社，悉心地为每位作者提供专业、细致的写作和出版指导，使这些博士论文以专著方式呈现在读者面前，促进了这些最新的优秀研究成果的快速广泛传播。相信本套丛书的出版可以为国内外各相关领域或交叉领域的在读研究生和科研人员提供有益的参考，为相关学科领域的发展和优秀科研成果的转化起到积极的推动作用。

感谢丛书作者的导师们。这些优秀的博士学位论文，从选题、研究到成文，离不开导师的精心指导。我校优秀的师生导学传统，成就了一项项优秀的研究成果，成就了一大批青年学者，也成就了清华的学术研究。感谢导师们为每篇论文精心撰写序言，帮助读者更好地理解论文。

感谢丛书的作者们。他们优秀的学术成果，连同鲜活的思想、创新的精神、严谨的学风，都为致力于学术研究的后来者树立了榜样。他们本着精益求精的精神，对论文进行了细致的修改完善，使之在具备科学性、前沿性的同时，更具系统性和可读性。

这套丛书涵盖清华众多学科，从论文的选题能够感受到作者们积极参与国家重大战略、社会发展问题、新兴产业创新等的研究热情，能够感受到作者们的国际视野和人文情怀。相信这些年轻作者们勇于承担学术创新重任的社会责任感能够感染和带动越来越多的博士生，将论文书写在祖国的大地上。

祝愿丛书的作者们、读者们和所有从事学术研究的同行们在未来的道路上坚持梦想，百折不挠！在服务国家、奉献社会和造福人类的事业中不断创新，做新时代的引领者。

相信每一位读者在阅读这一本本学术著作的时候，在吸取学术创新成果、享受学术之美的同时，能够将其中所蕴含的科学理性精神和学术奉献精神传播和发扬出去。

清华大学研究生院院长

2018年1月5日

导师序言

2020年，习近平总书记在联合国大会上宣布中国将在2030年碳达峰，2060年碳中和。这一宣言大大促进了清洁能源在我国的蓬勃发展。而核能相对于其他清洁能源，具有不受恶劣天气条件影响、发电稳定等特殊优势，将在中国的“3060”计划中发挥不可或缺的重要作用。然而，历史上发生的三次严重核事故时刻提醒着我们，必须建立有效的核事故后果评价和应急决策支持系统，才能有效应对可能发生的核事故，将后果降至最低。

在福岛核事故中，现有核事故后果评价和应急决策支持系统中存在的不足被暴露出来。在核电厂发生严重事故时，可能会导致核电厂区电力的缺失，这使得工况参数无法被应急人员知晓。这样的情形将导致现有应急模型中广泛使用的源项正演方法难以启用。因此，源项反演的方法受到了国内外核能领域研究人员的青睐，但反演算法除了要求本身的稳健性之外，还对监测数据的准确性以及扩散模型和剂量计算模型的精确度提出了较高的要求。而由于能适用于复杂地形和建筑区域的放射性核素精细扩散模型和快速剂量计算模型的缺失，导致了基于核事故监测数据的源项反演方法的精度存在不足。

因此，本项研究着眼于福岛核事故暴露出来的问题，建立“源项反演-大气扩散-辐射后果”模型组合，针对模型组合存在的预测不确定性，提出了精细建模方法、联合估计方法和通用型快速剂量计算方法，并通过数值模拟实验、风洞实验和真实场地实验的系统性验证，减少了模型偏差及其在计算链中的传递，消减了模型不匹配带来的后果评估偏差。本项研究的成果经过进一步的完善之后，可以应用到各类核设施的事故应急系统当中。

本课题组在核能事故源项的正演、反演和正反演耦合估计方法，放射性核素的迁移模式以及三维辐射场的快速计算方法方面开展了深入的研究，提出了“源项-偏差”联合矫正方法，有效降低了模式偏差的影响；提出了针对单核素和多核素的耦合源项估计方法，降低了数据不确定性的干扰，能获得比单独正、反演更小的估计偏差，并提供了包含丰富长、短寿命放射性核素的福岛精细源项。本课题组还提出了 SWIFT-RIMPUFF 模式和“气象-扩散”在线耦合模式,以及针对多核素、均匀/非均匀网格情况建立了基于卷积的快速剂量计算方法。其中“气象-扩散”在线耦合模式经日本名古屋大学评测,对福岛核事故后^{137}Cs 的迁移预测准确性居参评的 13 个国际模式之首。此外,课题组参与开发了国内多个核电站的核事故后果评价系统,所开发的源项反演平台已应用于国家核应急决策技术支持中心。

方 晟

2021 年 10 月

摘 要

气载放射性核素是核事故期间主要的辐射风险来源，也是核应急的重点关注对象。福岛核事故表明，“源项反演-大气扩散-辐射后果”评估链是工况缺失情况下，预测气载放射性核素辐射风险的少数有效途径，但其中各环节存在大量的不确定性。降低该评估链的不确定性，对于工况缺失下的核应急至关重要。为此，本书研究上述辐射风险评估链中不确定性的产生机理和传播机制以及模型不匹配现象，建立一套适用于工况缺失的预测框架，为核应急提供重要支撑。

首先，本书针对不确定性的来源，即大气扩散模型在复杂场景下的评估偏差，收集具备复杂地形和高密度建筑的核电厂址风洞实验数据，对快速风场诊断和拉格朗日粒子耦合模型(micro SWIFT SPRAY，MSS)的三维预测性能进行了系统验证和敏感性分析。该研究优化了模型参数，获得了一套适用于复杂厂址的参数，减少了大气扩散偏差，从源头上降低了不确定性。

其次，本书针对不确定性的传播，即模型偏差在源项反演中的传递，提出同步释放源项预测和模型偏差校正的联合估计方法。所提出的方法通过引入一个校正矩阵来代表确定性和随机性偏差的组合效果，完全由数据驱动，不依赖于特定的扩散模型和厂址信息。研究表明，该方法有效校正了模型偏差，预测性能良好且优于传统反演方法。而敏感性分析表明，即使在具有多种不确定的因素下，该方法也能为真实核事故的源项反演提供一个稳健灵活的框架。

最后，本书针对大气扩散和剂量计算的模型场景和数值假设上的不匹配，提出基于快速傅里叶变换的卷积法和基于非均匀快速傅里叶变换的方法，降低剂量预测偏差。两种方法均结合多种扩散模型，在多算例情境下进行验证。验证结果表明，所提出方法适用于多种扩散模型，在精度等同于三维积分法的同时，提升了数个量级的计算速度。

本书提出了MSS模型的优化参数方案、联合估计方法和两种快速剂量场计算方法，成功降低了气载放射性核素辐射风险预测的不确定性，提高了核事故后果评估能力，可有效服务于核应急决策支持系统。目前，所提出的方法已在国家核应急辅助决策技术支持中心、中国核电工程有限公司得到应用。

关键词：气载放射性核素；精细扩散模型；源项反演；偏差校正；快速剂量计算

Abstract

The airborne radionuclides are the main source of environmental radiation risk during a nuclear accident,and are major concerns in nuclear emergency response. The Fukushima nuclear accident shows that the combinational framework of source inversion, atmospheric dispersion and dose calculation is an effective way to predict the radiation risk of airborne radionuclides in the absence of reactor conditions data, but there are a lot of uncertainties in this framework. Reducing the uncertainty of the framework is essential for nuclear emergency in the absence of reactor conditions data. Therefore, this study reveals the mechanism of uncertainty generation and propagation, as well as the model mismatch phenomenon, in the above framework and establishes a robust and upgraded framework for missing reactor conditions data. The new framework provides important support for nuclear emergency.

The first part of this book aims at reducing the model bias of atmospheric dispersion model in complex scenarios, which is the source of uncertainty in the above framework. A rapid wind field diagnosis and Lagrangian particle dispersion coupling model (micro SWIFT SPRAY, MSS) is systematically investigated against two wind tunnel experiments that simulates air dispersion in a typical nuclear power plant with complex terrain and high-density buildings. This work optimizes the model parameters, obtains a set of parameters suitable for complex sites, reduces the model bias and the source of uncertainty in the above framework.

The second part of this book proposes a joint estimation method of simultaneous source term prediction and model bias correction for reducing the propagation of uncertainty from the air dispersion model to the source term inversion. The proposed method represents the combined effect of deterministic and random bias by introducing a correction matrix, which is generic because it does not rely on specific features of transport models or scenarios. The results demonstrate that this method effectively corrects the model biases, and therefore outperforms Tikhonov's method in release rate estimation. Sensitivity analysis shows that the proposed approach provides a flexible framework for robust source inversion in real accidents, even if large uncertainties exist in multiple factors.

Finally, this book aims at the mismatch between model scenarios and numerical assumptions in dispersion model and dose calculation method, and proposed two general, accurate and fast methods for reducing the bias of dose prediction. The proposed two methods are based on fast Fourier transform (FFT) and non-uniform Fourier transform (NFFT). Both methods were validated in multiple case scenarios. The validation shows that the proposed methods are suitable for a variety of dispersion models, and the accuracy is equivalent to the three-dimensional integration method, while improving the calculation speed by several orders of magnitude.

The proposed optimization parameter scheme of MSS, joint estimation method, FFT-based convolution method and NFFT method successfully reduce the uncertainty of airborne radionuclide radiation risk prediction. This study is helpful to improve the ability of nuclear accident consequence assessment and can effectively support the nuclear accident emergency response system. At present, the proposed methods have been applied in the National Nuclear Emergency Assistant Decision Support Center and China Nuclear Power Engineering Co., Ltd.

Key words: airborne radionuclide; detailed dispersion model; source term inversion; bias correction; fast dose calculation

主要符号对照表

$K_k(r)$	风场诊断模型所用权重函数
L_F	偏移区的顺风长度
L_R	空腔区的顺风长度
$U(Z)$	建筑上方的边界层风速
ρ_a	网格点的空气质量
$\boldsymbol{U}$	风速矢量,各方向分量为 u,v,w
α_H、α_V	水平方向和垂直方向的高斯精确度模
$\lambda(x,y,z)$	拉格朗日乘数
$\delta()$	一阶变分
$\boldsymbol{n}_x,\boldsymbol{n}_y,\boldsymbol{n}_z$	x,y,z 方向的外法向单位矢量
$\boldsymbol{X}_p(t)$	粒子的位置矢量
$\boldsymbol{U}_p(t)$	粒子的速度矢量
$d\mu$	随机标准化的高斯项(均值和单位方差为零)
ε	湍流动能的耗散率
T_{Lz}	拉格朗日时间尺度
C_p	模型预测浓度
C_o	实际观测浓度
$\boldsymbol{\mu}$	包含 m 个测量值的向量
σ	包含 N 个时间步的源项
$\boldsymbol{H}$	扩散矩阵
$\boldsymbol{\varepsilon}$	误差向量
σ_{prior}	先验源项
$\boldsymbol{P}$	先验误差的协方差矩阵
ε_{prior}	先验误差
$\boldsymbol{R}$	测量误差的协方差矩阵
$p(\sigma)$	源项的先验概率分布

$\boldsymbol{W}$ 对角校正系数矩阵

$\tilde{\boldsymbol{w}}$ 校正系数向量

$\tilde{w}_{\text{prior}}$ $\tilde{w}$ 的先验值

H 剂量率

ω 有效剂量和空气吸收剂量的比例因子

K 转化因子

μ_{a} 线性能量吸收系数

E_{γ} 射线能量

ρ 空气密度

$f^{n}(E_{\gamma})$ 核素 n 在特定能量 E_{γ} 下的分支比

$\Phi(E_{\gamma}, x_{\text{o}}, y_{\text{o}}, z_{\text{o}})$ 空气中能量为 E_{γ} 的射线通过点 $(x_{\text{o}}, y_{\text{o}}, z_{\text{o}})$ 位置形成的光子通量率

$C^{n}(x, y, z)$ 核素分布

$B(E_{\gamma}, \mu \cdot d)$ 累积因子

μ 空气线性衰减因子

$S_{E_{\gamma}}(r_{0})$ 光滑函数

$\sigma_{E_{\gamma}}(r_{0}, r_{k})$ 近区校正项

CFD 计算流体力学(computational fluid dynamics)

SIM 源项反演模型(source inversion module)

RIMPUFF 丹麦 Risø 实验室开发的拉格朗日中尺度大气弥散烟团模型(Risø Mesoscale Puff model)

MSS 法国 Ariacity 公司开发的快速风场诊断和拉格朗日粒子扩散模型(micro SWIFT SPRAY)

FFT 快速傅里叶变换(fast Fourier transform)

NFFT 非均匀快速傅里叶变换(non-uniform fast Fourier transform)

MG 几何平均偏差(geometric mean bias)

VG 几何方差(geometric variance)

NMSE 归一化均方误差(normalized mean square error)

FB 分数偏差(fractional bias)

FAC2/FAC5 在监测数据 1/2～2 倍(1/5～5 倍)区间内的模拟数据占总数据量的百分比(fraction of predictions within a factor of two/five of the observations)

MCD 最小化协方差矩阵行列式(minimum covariance determinant)

DCFs 剂量转换因子(dose conversion factors)

目　录

第1章 引　言

1.1 研究背景与研究意义

截至2020年4月，我国核电在建机组数位列世界第一[1]、已有核电机组数位列世界第三[2]，这两个数据表明了我国核能的蓬勃发展。而2019年上半年核准建设的6台机组创福岛核事故以来的最高记录，更是说明我国正处于新一轮的核电发展起点上。另外，核能是已知的清洁能源之一，对于我国实现绿色低碳战略具有不可或缺的重要作用。然而，核能事故发生的可能性依然存在，如何精确评价并正确应对放射性核素释放的辐射风险成为政府、运营者与公众密切关心的首要问题，是关系到核可持续发展的关键。其中，气载放射性核素以其巨大的释放量、广泛的影响范围和对生物的直接辐射危害成为核事故应急准备的重点关注对象。

美国核管会（Nuclear Regulatory Commission，NRC）曾在报告[3]中提出，源项正演方法在核事故中存在较大的不确定性。即使知道所有的工况参数，预测结果也有较大误差。而在2011年的福岛核事故中，海啸和地震断绝了厂区的电力，外界无法精确知晓工况参数，这进一步增加了正演方法的难度[4-13]。而基于监测数据和大气扩散模型预测的反演方法[14-19]受到了科学研究者和政府部门的青睐[20-29]。先进稳健的反演算法[30-33]能有效应用于核事故应急后果评价系统，提供稳定且精确的核事故释放源项。对于核应急最重要的事故早期，仅厂区周围数据可用于源项反演，这就需要大气扩散模型能在复杂地形与建筑上实现精细建模[34-36]。福岛核事故后，国内外专家发现大气扩散模型[37-40]在复杂情形下的精细建模存在困难[41]。同时，厂区三维辐射场还缺乏适用于复杂情形的快速精细算法。这不仅给基于剂量率的源项反演带来偏差，还给厂区救援的辐射防护带来障碍。国际原子能机构（International Atomic Energy Agency，IAEA）同样在福岛核事故后指出核事故后果评价中存在大量不确定性[42]。因此，研究降低核事故后果评价的不确定性具有一定的科学价值。

事实上，为了应对可能发生的核事故，许多国家开发了核事故后果评价和应急决策支持系统，主要用来评价核事故下气载放射性核素的辐射风险，并为应急机构提供决策支持。比如美国的国家大气释放咨询中心(National Atmospheric Release Advisory Center，NARAC)、欧盟的核应急实时在线决策支持系统(real-time on-line decision support system for nuclear emergency management，RODOS/JRODOS)、日本的世界版环境应急剂量信息系统(worldwide version of system for prediction of environmental emergency dose information，WSPEEDI)，以及国内的CRDOS，海外核事故辐射后果评估系统(radioactive consequence assessment system for overseas nuclear accident，RADCON)和核事故后果预测和评估决策系统(nuclear accident consequence prediction and assessment decision system，NACPADS)[43-48]等。目前，这些应急系统正在吸取福岛核事故的经验教训，来提高模型的预测能力，降低辐射风险评估的不确定性。表1-1汇总了国内外核事故后果评价系统所用的部分模型。可以看到，大多数系统都使用数值预报或质量守恒风场模型以及高斯烟羽、拉格朗日烟团或粒子模型。其中，仅部分模型考虑了地形对扩散的影响，而绝大多数模型没有考虑建筑的影响。美国能源部在使用NARAC完成福岛核事故的初步后果评价后，提出在未来的工作中，需要提高大气扩散模型的建模能力以准确评估放射性核素在复杂气象和扩散条件下的扩散行为[49]。日本科学家则改进了WSPEEDI中扩散模型GEARN的干、湿和水雾沉积模拟能力[50]，进一步提高了应急系统的预测能力。其实，NARAC中的计算流体力学(computational fluid dynamics，CFD)湍流模型FEM3MP可以有效地模拟复杂地形和建筑造成的扩散影响，但是CFD湍流模型巨大的计算代价使其无法有效运用在快速评估当中，仅能在后期的分析中使用。

表1-1　国内外核事故后果评价系统所用模型对比汇总表

系统	风场模型	扩散模型	源项模型	剂量模型
NARAC	NWP数值预报	LODI拉格朗日粒子； 高斯烟羽和烟团； FEM3MP，CFD湍流	RASCAL 正演	半无限 烟云
JRODOS	MCF质量守恒； LINCOM线性流	RIMPUFF拉格朗日烟团； ATSTEP分段烟羽	反演SIM	列表法
WSPEEDI	MM5数值预报	GEARN拉格朗日粒子	无	半无限 烟云

续表

系统	风场模型	扩散模型	源项模型	剂量模型
CRODS	MCF 质量守恒	RIMPUFF 拉格朗日烟团；ATSTEP 分段烟羽	典型；自定义	列表法
NACPADS	MCF/CALMET 质量守恒诊断	RIMPUFF 拉格朗日烟团；ATSTEP 分段烟羽	SESAME 正演；自定义	列表法
RADCON	T639 天气预报	TraModel 轨迹模式；ParModel 拉格朗日粒子	典型；自定义	半无限烟云

各国的应急系统通常使用正演模型计算源项，或者直接使用典型或自定义源项。JRODOS 从福岛核事故中吸取教训，于 2016 年开始尝试在系统中添加源项反演模型(source inversion module，SIM)。SIM 针对剂量率测量数据，应用非负最小二乘法来最小化代价函数得到释放源项[51]。国内秦山核电厂的核事故应急后果评价系统同样新增了源项反演功能。该反演功能采用非线性反演技术，根据核事故后的厂外监测数据反演释放源项，以应对恶劣气象条件叠加严重核事故的情形[52]。同时，日本科学家通过 WSPEEDI 系统中的扩散模型进行了大量源项反演工作，积累了大量的经验，在应急系统中增加先进的源项反演方法势在必行。由此来看，在核应急后果评价系统中集成源项反演算法在未来将成为主流。

在剂量模型当中，各国的核应急系统主要采用半无限烟云法和列表法进行快速剂量计算[53-54]。半无限烟云法假设放射性核素均匀分布，而列表法通常假设放射性烟云形状为高斯烟团或球形。当扩散模型和剂量模型的模型场景和数值假设不匹配的时候，剂量计算就会放大数值误差并影响最终评估的准确性[55]。而福岛核事故的救援操作需要精确的三维剂量率场，当前核应急系统中的剂量计算模型并不能满足此需求。此外，直接采用三维积分方法预测三维剂量率场是十分困难的，因为伽马射线具有强穿透性，导致剂量计算时的积分体积非常大[56-59]。这使得三维积分的计算成本极其昂贵，无法达到核应急对于剂量计算的时效性要求。因此，在核应急后果评价系统中集成一个无数值假设、能有效和多种扩散模型相匹配的通用、精确和快速的三维剂量率场计算模型具有重要的实际工程意义。

实际上，福岛核事故后，“源项反演-大气扩散-辐射后果”的组合已经成为工况缺失情况下气载放射性核素辐射风险预测的主要框架。然而，其模型依然有相当的不确定性。其中，源项反演直接依赖于大气扩散模型，辐射后果评价也与核素分布的预测结果密切相关。然而，复杂场景的大气扩散精细建模十分困难,导致无法避免的模型偏差,这是辐射风险不确定性产生的源头;带模型偏差的扩散矩阵导致源项反演的不确定性增大,并通过“源项-扩散-辐射”计算链传递下去;而扩散模型预测和精细辐射剂量模型之间的模型情景与数值假设的不匹配现象,将放大辐射后果预测的数值误差,增大预测的不确定性。

因此,本书将研究阐明工况缺失与复杂环境条件下,辐射预测不确定性的产生机理、传递机制和模型不匹配现象,提出精细建模方法、联合估计方法和通用型剂量计算方法,并通过数值模拟实验、风洞实验和真实场地实验的系统性验证,减少模型偏差及其在计算链中的传递,消减模型不匹配带来的后果评估偏差,建立一套验证充分、稳健准确的放射性风险预测理论框架,提高核事故应急后果评价系统的评价效果,满足严重核事故与先进堆的核应急需求。

1.2 国内外研究现状

本节将针对核事故下气载放射性核素的辐射风险,分别简要介绍国内外学者们在扩散模型、源项反演预测模型以及快速三维辐射剂量场计算模型中所做的部分研究工作。

1.2.1 气载放射性核素扩散模型研究现状

扩散模型在核事故后果评价中扮演了重要角色[60],并作为一个工具应用在多个国家的应急响应系统中[61-64]。常见的大气扩散模型有高斯模型[65]、拉格朗日模型[36,66-68]、欧拉模型[69-71]和 CFD 湍流模型[72-73]。常见模型很难达到未来的核应急系统对大气扩散模型“精细建模”和“快速评估”的要求,所以有许多适用于复杂情形的精细模型被提出。下文分别简要介绍常见扩散模型和精细模型。

1.2.1.1 常见大气扩散模型介绍

(1) 高斯模型

高斯模型以 K 理论为基础推导出扩散方程,适用范围一般小于 20 km。高斯模型的输入与输出之间有着明显的对应关系,计算快捷,在大气污染物的输送扩散计算中应用广泛。清华大学工程物理系提出一种基于高斯烟团模型的大气扩散数据同化方法,可以结合观测数据,优化泄漏速率、释放高度和风向等参数，提高模型模拟效果[74]。南华大学同样基于高斯烟团模型，增加干、湿沉积模块和核素衰变模块来对核事故早期的烟羽扩散进行模拟，对比验证表明误差在可接受范围内[75]。华北电力大学也基于高斯烟羽模型，考虑了放射性核素扩散的多方面因素，开发了大气扩散模型 SDUG，能有效模拟正常和事故工况下不同气象和地形的放射性核素扩散[76]。

(2) 拉格朗日扩散模型

拉格朗日扩散模型通过一定数量的“虚拟”或“伪”粒子来模拟空气污染物，每个粒子代表一个确定的污染物质量。这些粒子被视为具有自己的浓度，在运动期间保持不变。这些粒子还遵循空气湍流运动，以便它们在某个时间的空间分布显示所排放物质在空间中的浓度分布。典型的拉格朗日烟团模型有(Risø mesoscale Puff，RIMPUFF)模型和 CALPUFF 模型，粒子模型有 LAPMOD 模型和 SPRAY 模型[36,66-68]。其中，RIMPUFF 被广泛应用于应急系统，用来预测气体放射性核素弥散导致的地面浓度和剂量的分布[36,77]。北京大学曾根据实际核电厂址的实测气象数据，使用拉格朗日随机游走模型，对核电厂址当地的大气扩散特性进行研究。研究表明，该地区的扩散特性受到天气条件和海陆风环流的影响[78]。上海交通大学使用 CALPUFF 模型对福岛核事故的释放进行模拟。结果表明，该模型基本达到了可接受模型标准，并在大于 50 km 的预测上具有一定优越性，但是在小范围(3 km)的预测中存在一定的低估[79]。上海交通大学还曾提出大气扩散系数自适应修正的拉格朗日烟团模型，得到了比传统烟团模型更为精确的结果[80]。此外，哈尔滨工程大学针对海上核设施，使用改进的随机游走-拉格朗日烟团模型进行放射性核素扩散模拟，结果表明该模型对于气态放射性核素和气溶胶的模拟较为接近实际情形[81]。解放军理工大学曾使用拉格朗日粒子模型，针对地形和气旋活动对福岛核事故扩散的影响进行模拟研究[82-83]。华北电力大学也曾使用拉格朗日粒子模型，并考虑了热力抬升和建筑物吸附以及湿沉积行为对释放核素的影响，结果表明该模型和成熟模型的结果较为一致[84]。

(3) 欧拉扩散模型

欧拉扩散模型与拉格朗日模型不同，不再跟踪所释放出的粒子，而是针对流体所处的空间位置。而对于同一个空间点来说，在每个时刻，都是由不同的运动质点占据的[69-71]。该模型在处理动态扩散过程时较为有效，但很难处理原始方程的闭合问题，也无法避免差分方案的数值扩散误差。欧拉模型在进行小范围预测模拟时，需要设定极小的网格，这导致了极高的计算代价。中国公安大学基于欧拉模型,对小尺度范围的复杂街区放射性污染扩散进行了模拟,指出了受脏弹袭击的各类高风险区域以及安全区域[85]。

(4) CFD湍流模型

CFD湍流模型[72-73]通过求解质量、动量和能量守恒方程来分析污染物和复杂障碍物接触时的行为,因而能适用于小范围的放射性核素扩散模拟(0~5 km)。然而,由于该模型过于详细地描述湍流行为,计算代价极高,使其在放射性核素模拟时只能局限于非常小的尺度。西北核技术研究所曾使用CFD湍流模型对脉冲堆的放射性扩散进行了模拟,模拟结果表明CFD湍流模型比高斯模型更加精确[86]。

1.2.1.2　精细扩散模型介绍

精细模型通常采取两种思路来权衡精细建模时的计算精度和速度,一是考虑加快或者简化CFD湍流模式的计算速度,二是考虑在简单模型中增加障碍物的经验校正参数来模拟障碍物效应。下面对一些精细模型进行介绍。

(1) 基于CFD模式的快速响应模式

这一类的模型当中,通常提供了一系列可选择项,允许用户权衡精确度和运行时间后自己决定使用哪些参数。比如,美国海军研究实验室提出了基于CFD大涡模拟的城市型应急评估工具CT-analyst[87]。该模型通过提前计算好多个风向的扩散情况,在实际应用中通过插值得到精确评估。但事实上提出的模型并没有真正降低精细扩散的复杂度,计算代价高的难点依旧存在。美国的Burrows等提出了一个简化流体力学参数风场和拉格朗日扩散模型组成的污染物输送模型[88],该模型在城市和大型建筑的顺风区域良好地再现了风速分布。但是在建筑之间的街道区域和街道交叉口区域模拟并不好,需要进一步研究是湍流模型的问题还是网格分辨率的问题。

(2) 街道网络模型

街道网络模型较为准确地描述了流场和污染物通量在城市道路交叉口的交换情况,并能够提供城市规模的详细浓度场。在这个模型当中,一个区域中的街道被表现为将盒子连接起来的简单网络,参数化方法很好地模拟了其中产生的质量交换。为了计算每个街道内的平均浓度,法国里昂大学提出沿着街道的对流质量的输送由沿其轴线的平均风速决定[89],而街道和大气之间的输送由两者分界面的湍流输送决定[90]。英国伯明翰大学则认为在街道路口的传输由平流输运决定[91]。此外,英国萨里大学基于风洞实验数据，对比街道网络模型的模拟，发现在街道的某些区域，浓度是一个常数。并且在扩散的下风向形成烟羽结构，在街道的交叉路口的浓度比较高[92]。这类模型对高密度的冠层来说是可靠的。当模拟范围内绝大多数的建筑宽度超过街道宽度时，就很适合使用此类模型。但此类模型在建筑较为稀疏的地区表现比较差。

(3) 冠层模型

此类模型考虑城市冠层的空间平均几何特征(如障碍物的迎风面积和占地面积之比，以及障碍物横截面积和占地面积之比)，研究城市冠层和之上的大气之间的热、质量和动量的交换行为。我国哈尔滨工业大学的学者认为城市冠层模型可较好地把握建筑间的温度和风速等的变化[93]。意大利萨伦托大学提出了平均空间流场的概念，这里的平均指的是一定范围内的平均，比如 0.2～10 km 的范围[94]。这个新颖概念的提出基于详细建筑几何，并高度依赖于几何参数。马耳他共和国马耳他大学认为空间平均风速和温度的预估可以用来评价城市冠层和上层空间的动量和热量的输送交换速度[95]。以上模型着眼于如何得到精确的风场和温度场，这些参量可以被用来运行大气扩散模型。在计算成本方面，冠层模型类似于街道网络模型。这种模型可以运用在街道网络模型不能很好表现的郊区或者是低密度建筑的区域。此类模型仅针对建筑进行调整，不具备对复杂地形的处理。

(4) 自适应高斯模型

只要污染物主要在建筑之上发生扩散或者烟云的尺寸远大于障碍物的尺寸，经典高斯模型在小范围的扩散中(至多到 5 km)仍然能发挥作用。这个经典的模型可以通过纠正烟羽扩散半经验关系参数的形式显著提高性能。美国的 Schulman 认为在小尺度污染物再循环区(例如，建筑尾流和街道峡谷区)，街道的通风效果被抑制，增大了地面浓度[96]。另外，在稍大一些的尺度上，横向污染物烟羽由于建筑尾流效应的增强而聚集，可以通过简单的参数化将湍流强度的波动和烟羽尾流的扩散有效地关联起来[97]。在更大一些的尺度上，类似的对于烟羽的参数化校正应考虑下层粗糙度的增加。此类高斯模型在均匀分布的障碍物的阵列下是可靠的[98]，但是在障碍物密集且分布不均的情况下需要进一步的验证。

1.2.1.3　快速风场诊断和拉格朗日粒子耦合模型介绍

1.2.1.2 节描述了多种精细模型的特征，各模型存在特有的优缺点，无法直接满足复杂情形的核事故应急需求。近年来,快速风场诊断和拉格朗日粒子耦合模型(micro SWIFT SPRAY,MSS)受到一定关注,它包括一个质量守恒诊断风场模型(SWIFT)和三维拉格朗日粒子扩散模型(SPRAY)[99]。此模型针对地形和建筑物分布分别进行调整[100],以适用于复杂地形和高密度建筑分布的情形。此模型对于建筑物的经验参数化处理最初来自德国 Rockle 于 1990 年发表的博士论文[100],后经以色列生物研究所的 Kaplan 和 Dinar 改进和验证[101]。该参数化方法通过解析方式将风受建筑影响的区域分成三块,用不同的参数化经验公式模拟建筑物对风的影响。如果流场的空间分辨率足够高,即使建筑的规模很小,也可以成功模拟出建筑效应。法国 ARIA 科技的 Moussafir 研究表明在一个几百米尺度的计算域当中,污染物在独立建筑物或者一系列建筑之间扩散的模拟情况与测量数据吻合较好[102]。

MSS 具有良好的应对复杂地形和建筑的能力,而其对建筑物的参数化处理极大提高了计算速度[103-104]。此外,这个模型可以直接使用地理信息系统中的建筑图层信息,能很方便地输入和修改建筑物信息。此模型具有适用于复杂情形下核事故响应的可能性。而在尝试将该模型应用于核应急系统前,系统性验证和敏感性分析至关重要。

针对 MSS 模型在复杂地形下的模拟能力,意大利学者 Finardi[105]基于美国 RUSHIL 风洞实验,对 SWIFT(其前身为 MINERVE)在非均质地形中的大气扩散进行了验证研究,其中风洞实验的地形包括三个对称的山丘。此外,美国科学应用国际公司[103-104]使用基于复杂地形的现场实验数据来验证 SWIFT 的有效性。其使用 SWIFT 和 SCIPUFF 耦合的模型,其中 SWIFT 提供了高分辨率的风场数据,最终生成的烟羽比使用单独观察数据的结果更为详细。该公司也曾考虑相对平坦地形上不同类型的释放,使用 DP26 实验数据,对比了 SWFIT 在内的三个风场模型的效果,对比结果显示 SWIFT 和其他两个模型结果非常接近[106]。美国乔治·梅森大学[66]使用 OLAD 和 DP26 场地实验数据对 SWIFT 在真实场景中的应用进行了对比验证。最近,清华大学核能与新能源技术研究院刘蕴等[36]在具有复杂地形和建筑物的风洞实验中对 SWIFT 进行了验证,结果表明 SWIFT 中的建筑效应建模对于近场的扩散预测十分重要,其和 RIMPUFF 结合在建筑区的表现优于 CALMET-RIMPUFF 模型。

而针对 MSS 在建筑区的表现,有以下几个机构进行了对比研究。意大利 Arianet 科技公司[107]通过 MUST 现场实验数据对 MSS 进行了验证,该现场实验使用了平坦均质地形中的障碍物阵列来模拟理想的城市粗糙度。而美国的 Hanna 和法国的 Oldrini 等[68,108]则使用了具有真实的平坦地形和高密度建筑的俄克拉荷马城的 JU2003 的现场实验来验证 MSS。验证表明,MSS 的模拟在测量的两倍内的数据点超过了 50%,超过了可接受标准的 30%[109]。此外,意大利大气科学和气候研究所使用模拟市区的"Michelstadt"风洞实验来评估 MSS 在城市环境中的表现[60],该风洞实验中包含了三角形的建筑物方块。该验证表明 MSS 在此情形下,其统计指标(FAC2,FB 和 NMSE)达到了可接受标准[109]。

尽管上述验证研究表明 MSS 具有良好的性能,但尚未证明其在复杂地形和高密度建筑同时存在的场景中的适用性。然而,核电厂址通常具有双重复杂性,因此对于 MSS 的实际使用而言,这种验证非常必要。此外,尽管 MSS 对三维的风场和浓度场都进行了预测,但前人很少验证对比 MSS 对风场和浓度场的垂直预测。因此,在将 MSS 运用于核能应急系统之前,进行系统验证以及敏感性优化分析必不可少。

1.2.2 源项反演预测模型研究现状

在一个严重的核事故当中,释放到大气中的放射性核素将对环境和人类造成严重的后果。准确量化释放率是评估核事故后果和为应急响应提供技术支持的首要因素。福岛核事故表明正演算法在极端情况下存在缺陷。因此,国内外许多研究机构进行源项反演工作的研究[26-29,110-114]。

法国国立路桥学院大气环境研究中心(Research and Teaching Centre in Atmospheric Environment, Joint Laboratory, E'cole Nationale des Ponts et Chausse'es/EDFR&D,CEREA)提出一种数据同化方法[115],结合测量数据和高斯烟团模型预测释放源项信息,根据测量数据改进近距离污染物分布情况。后来,该单位进一步针对切尔诺贝利核事故和远距离放射性物质扩散情况,依次提出改进反演模型和 4D-Var 模型[16-17],提高了模型预测效果。暨南大学提出数据同化和集合卡尔曼滤波方法,认为卡尔曼滤波假设的模型误差和观测误差是高斯分布的,提出了一种构造二级扰动场的方法,并在大亚湾核电厂大气风洞实验中进行了验证[116]。清华大学工程物理系提出改进的集合卡尔曼滤波数据同化方法[113-114],该方法利用场外环境监测数据,结合拉格朗日烟团模型,重建放射性核素释放源项的同时改善模型预测。南京航空航天大学基于 BP 神经网络,建立了单核素 I-131 的源项反演模型[117],并进一步对 BP 神经网络模拟的重要参数和多核素适配性进行了研究[118-119]，还将 BP 神经网络模型和遗传算法、卡尔曼滤波相结合[120-121]，提高了模型的预测效果。上海交通大学使用混合遗传算法对放射性释放进行了反演模拟，证明了模型的有效性，并认为扩散模型误差是反演计算中最大的误差来源[122]。此外，上海交通大学还基于^{88}Kr 泄露速率与探测数据的关系，提出一种异于传统反演算法的释放率估计算法，能在探测误差较大时仍得到较好的结果[123]。西北核技术研究所则使用卡尔曼滤波对核设施意外释放的源项进行了反演模拟[124-125]，证明了该方法的有效性。清华大学核能与新能源技术研究院[126-127]和中国科学院大气物理研究所[128]则使用变分法对核设施的意外释放进行模拟。结果表明，四维变分法的结果误差在 20%以内，并认为测量数据和扩散矩阵的准确度决定了最终反演源项的准确度。

上述研究针对不同的情形，包括双生子实验、场地实验和真实核事故等，均取得了不错的研究成效。然而，大气扩散预测和测量之间的一些差异(在本研究中被定义为模型偏差)仍然是不可避免的，并且可能导致不准确的源项反演。模型偏差是由气象数据的多种不确定性、测量的仪器缺陷和大气扩散模型误差引起的。以上缺陷在中国科学院大气物理研究所[128]、CEREA[17]和美国麻省理工学院全球变化科学中心(Center for Global Change Science，Massachusetts Institute of Technology，CGCS)[129]的研究中被明确提出。

针对无法避免的模型偏差，比较常见的方法是使用专家决策的形式来进行调整。日本原子能机构(Japan Atomic Energy Agency，JAEA)[26]于 2011 年 4 月初，针对福岛核事故释放的初步预测就使用了专家决策的方法。JAEA 发现模拟得到的烟羽在到达时间和位置上和测量浓度有一定差异。为了减小模型误差造成的影响，JAEA 采取了以下简化方法：①如果一段时间内可从不同位置获得多个浓度数据，则仅采用最大值来表征羽流的到达时间，以避免在羽流边缘获得的数据引起的误差；②主观调整了烟羽到达时间和羽流位置的差异。JAEA 采取的专家决策方式比较适合在核事故早期进行粗略的估计，但此方法的预测结果存在很大的不确定性。JAEA[27]的另一位学者于 2011 年 12 月同样对核事故早期的源项进行预测，该预测同样使用了专家决策的方法来修正模型偏差。例如，通过观察监测的空气剂量率的抬升主观判断核事故时放射性泄露的持续时间和 1 号机组的氢爆持续时间。以上专家决策的方法减少了一部分模型偏差，但是也引入了一些无法判断的主观误差，而这部分主观误差被引入后，就存在于计算链中。对后续的放射性核素浓度分布的预测和辐射后果的评估造成影响，并给最终的核事故应急响应带来困难。

除主观方法外，另外存在一些客观方法。例如，CEREA[130]将模型偏差的随机部分表示为高斯分布假设下的协方差矩阵，并且进一步将模型偏差简化为对角矩阵。这种方法校正了部分随机性的模型偏差，但仍然难以先验地估计偏差。因此，CEREA 提出用统计 L 曲线的参数选择技术[16]和最大似然估计[29]来后验地估计误差。更复杂的方法假设先验误差的方差与大气扩散模型的预测成比例，但比例因子的选择仍然依赖于专家决策[131]。在最近 CGCS 的一项研究中，对角线简化被对角和非对角元素的参数化所取代[129]。CGCS 进一步将模型偏差引入反演研究，提出了一种分层贝叶斯反演方法。该方法将过去传统反演算法中严重依赖专家决策的不确定性使用“超参数”来量化，即使用“超参数”代表先验释放的概率密度函数和模型-测量偏差。CGCS 将这种方法应用于先进全球大气实验，对六氟化硫的释放量进行预测。结果表明，不同站点模型性能的不确定性和期望相符，而这些结论是通过最少的专家决策就能得出的。CGCS 的研究表明，考虑模型偏差对于可靠的源项反演至关重要[129]。

除上述统计方法外，直接使用更精细的扩散模型参数也能校正模型误差。乌克兰国家科学院[132]使用浓度测量数据同化提升源项估计，同时改进大气扩散的风场输入。双生子实验表明，该方法大多数情况下能有效修正风场输入，最终浓度场与测量的误差也能显著降低。CEREA[133]除了同化校正释放源项和风场输入外，进一步增加对水平和垂直湍流扩散参数的同化校正。该方法使用高斯烟团模型获得扩散矩阵，并收集风洞实验数据证明了方法的有效性。CEREA 还提出类似的方法，相继交替进行释放速率估计和湿、干沉积的比例因子校正[17]。近年来，越来越多的卫星发射上天，用来观察各种物质的大气浓度。与稀有的地面测量相比，卫星能够提供更广泛的信息。CEREA[134]据此提出了“重新规范化”概念来进行源项反演，该技术和一组来自理想化卫星监测的平均测量值结合使用。法国埃夫里-瓦尔德艾松大学[135]通过两个真实场地实验再次验证了“重新规范化”方法，证明了该方法的有效性。

1.2.3 快速环境三维辐射剂量率场计算模型研究现状

辐射剂量是核事故中释放的放射性核素所产生的主要环境危害之一[136]，决定了放射性核素对环境造成的辐射影响[137-139]。鉴于在低暴露水平和不同位置生物栖息地可能存在的遗传损害[140-141]，准确地预测三维剂量率场对于准确评估气载放射性核素引起的放射性剂量和生物效应也同样非常重要。精确的三维辐射剂量率场同样能为事故后的三维空间的救援操作和监测提供技术支持，减少救援和监测的危害和损失。此外，使用三维积分法计算某一位置的辐射剂量率需要对周围三维空间中所有放射性核素的贡献进行积分，而伽马射线的强穿透性又使得积分体积十分巨大[56-59,142]。因此，三维辐射场的直接积分计算方法的代价十分高昂，不具备实际可行性。

从解析的角度来看，由于放射性核素的空间分布和几何形状的复杂性，一般解决方案难以处理。从数值角度来看，伽马射线的高平均自由程是放射性烟云辐射剂量的主要贡献，而要完整考虑伽马辐射，积分体积非常庞大，导致计算代价无法接受。目前，世界各国都在积极研究三维剂量率场的快速计算方法。但大多数研究，无论是从解析角度还是从数值角度，都着眼于一维或二维地面水平的剂量率计算，尝试减少数值计算代价直至可接受水平。下面简要介绍学界目前研究提出的解析法和数值法。

(1) 解析法

解析法基于对空气中分布的放射性烟云的确定性假设来简化计算方法。目前最简单和使用最广泛的方法为美国原子能委员会提出的无限烟云和半无限烟云的计算方法[143]。无限烟云和半无限烟云均假设核素在空间中均匀分布，待计算位置点的剂量率由该位置点处的放射性物质浓度决定，即浓度和物理参数的简单乘积运算。该方法只涉及简单乘积运算，速度非常快，适用于放射性烟云分布简单、均匀的场景。当放射性核素分布复杂时，该方法存在很大的局限性。

韩国先进科技学院[144]将正六面体的核素空间分布近似成等体积的球体，将三维的积分简化为一维的积分操作，加快了剂量计算速度。所提出方法经过点源近似法和蒙特卡罗积分法的对比验证，表明其剂量结果具有一定合理性。

除了将放射性核素分布近似为球体之外，俄罗斯核安全研究所[145]和希腊国家科学研究中心[56]将放射性核素分布分别近似为高斯形状的烟羽或者烟团，来加快剂量率场的计算。

捷克科学院[146]基于直线高斯分布的假设，进一步提出了任意位置辐射剂量的快速计算方法。该方法将核素的意外释放分为每小时连续的高斯分段，每个时段均由短期气象预报数据来驱动。将每一高斯分段的烟云分解为多个等效的虚拟椭圆盘,从虚拟椭圆盘来计算光子通量率。此方法相比之前提出的解析方法有一定的改进,但是依旧不适用于气象复杂的情况。

(2) 数值法

数值法通常通过插值和截断的方法来降低计算代价。列表法就是一个经典的插值方法,该方法提前计算好不同大小的烟团在不同距离造成的剂量后果并保存成列表,使用时根据烟团的大小和计算距离进行插值得到剂量率结果。该方法被广泛应用于地面层的剂量率分布计算。丹麦 Risø 国家实验室[77,147]基于核素分布呈球形或高斯烟团的假设,提出了使用列表法的地面层剂量率的快速计算方法。该剂量计算方法被应用于 RIMPUFF 大气扩散模型,被很多国家的核应急后果评价系统所使用和借鉴。但是该方法同样只适用于烟羽匹配高斯烟团假设的情况,而不适用于复杂扩散条件和除地面层以外的剂量率计算。

清华大学核能与新能源技术研究院[148]也曾提出一种 5 倍自由程的截断法来计算剂量率。该方法牺牲了一定的精度来提高计算效率,但也仅仅计算了有限点位的剂量率,没有进一步考虑需要计算整个三维剂量率场的情况。而清华大学工程物理系[149]在 2018 年曾提出一种嵌套网格方法,该系统在近监测器位置采用精细网格,在距离监视器较远的位置采用稀疏网格,以此来加快剂量计算速度。但是为了计算速度牺牲精度的固有特性依旧存在。并且,在实际场景中设计适用于高度异质的放射性核素分布的嵌套网格也是难以实现的。以上提出的数值法大都只适用于有限点位的剂量率计算,并不适用于快速的三维剂量率场的计算。

1.2.4 研究现状总结

常用的放射性核素扩散模型各有缺点,高斯模型只适用于比较简单的场景;拉格朗日模型大多仅限于平稳和均匀湍流条件下的核素扩散问题;欧拉模型摆脱不了计算过程中差分方案的数值扩散问题;CFD 湍流模型计算代价极高。精细模型大部分都适用于城市区域,对于郊区或者建筑少而地形更加复杂的山区很难起到很好的模拟效果。其中 MSS[68,99]作为一种快速风场诊断和拉格朗日粒子扩散耦合的模型,通过引入经验公式参数化描述建筑效应,既能处理复杂地形,也能快速处理建筑区域的模拟问题。但是目前缺少 MSS 在真实核电场景下的三维预测验证,使其难以直接运用于核电厂址的核应急系统。因此,该模型在真实核电场景下的系统验证和敏感性分析研究具有较为重要的意义。

尽管扩散模型的精度越来越高,但是模型偏差依旧是不可避免的。源项反演研究通过专家决策的主观方法、模型偏差统计校正的客观方法、使用更精细模型参数的直接方法,都能减少一定的模型偏差,提高反演效果。但以上提出的方法都只能处理模型偏差的某些方面。例如,模型偏差统计校正的客观方法校正了随机性偏差,但不能代表扩散模型中的确定性偏差,而直接使用更精细的参数也不能纠正所有扩散模型参数。此外,更精细的参数选择可能依赖于特定的扩散模型或案例信息,并不适用于其他扩散模型和案例。因此,研究一个能校正模型总体偏差且不依赖特定扩散模型和案例信息的源项反演方法是非常有价值的。

尽管上文提到的部分剂量计算方法获得了广泛的应用,但是当隐含的核素均匀或高斯分布的假设与实际核素分布情况不相符时,计算结果的准确度并不令人满意。此外,这些方法通常只能实现一维或二维的地面高度或几个离散位置剂量率的近似计算,不能实现三维剂量率场的快速计算。因此,研究开发通用且精确的三维剂量率场快速计算方法具有一定研究价值。

此外,随着大气扩散模型的精细化发展,模型模拟得到的核素分布经常都是非等距分布的。例如,CFD 湍流模型在模拟靠近精细建筑附近的网格时,自适应网格系统就会提供非常不均的网格分布[72-73]。而针对非等距网格放射性核素分布的三维剂量率场计算方法也并没有得到深入研究。因此,开发适用于非等距浓度分布数据的通用、精确的剂量率场快速计算方法同样具有一定科学价值。

1.3 本书主要研究内容

本书围绕气载放射性核素开展研究,以降低气载放射性核素辐射风险预测不确定性为目标。如图 1.1 所示,本书首先阐明“源项反演-大气扩散-辐射后果”评估组合不确定性的产生机制,针对复杂厂址精细建模不足导致的模型偏差,对 MSS 模型在复杂核电厂址下的预测行为进行研究并进行参数化敏感性分析,减少了大气扩散模型的偏差,从源头降低了不确定性;其次,阐明模型偏差在源项反演中的传播机制,针对扩散模型的不确定性在源项反演中的传递,提出一种同步源项预测和模型偏差校正的联合估计方法,降低不确定性在评估链中的传递;最后,阐明扩散模型和精细剂量模型的模型情景与数值假设的不匹配现象,提出两种适用于任意扩散模型的通用型三维快速剂量率场算法，降低辐射后果评估偏差，系统降低预测的不确定性。三项研究成果可集成到核事故应急后果评价系统，服务于核应急决策系统。

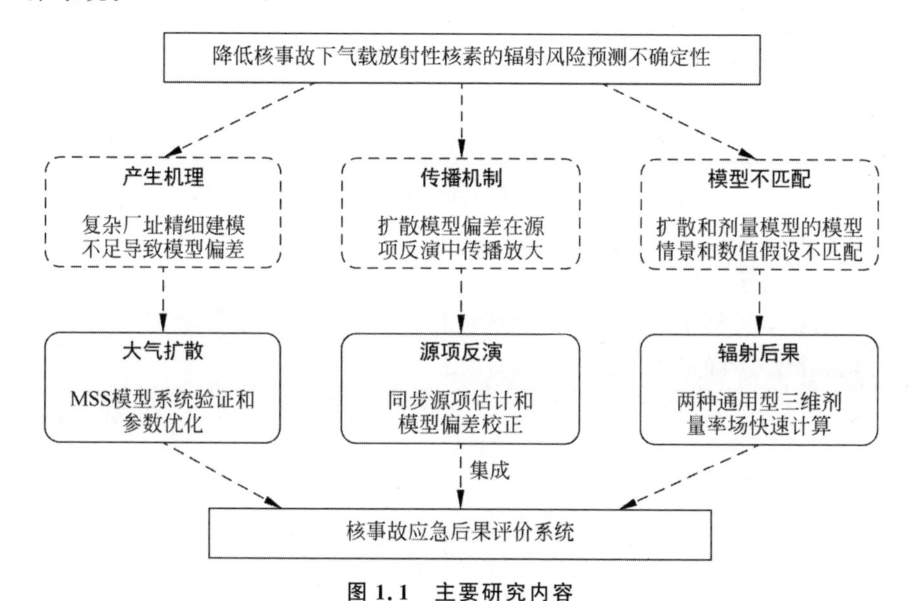

图 1.1　主要研究内容

本书各章的具体内容如下：

第 1 章为引言。介绍了本书研究工作的背景与意义，总结了国内外研究现状及现有研究中辐射风险预测的缺陷与不足，明确了通过三方面研究工作降低预测不确定性的研究思路。

第 2 章为快速风场诊断和拉格朗日粒子耦合模型的系统验证和参数优化研究。针对具有复杂地形和高密度建筑的三门核电厂址，收集风洞模拟实验中两个风向的二维地面和代表性点位垂向分布的风场数据和浓度场数据，在三维风场和浓度预测方面对耦合模型进行了系统验证。更进一步定量分析了耦合模型在不同区域的性能差别，并对水平分辨率、垂直分辨率和单位时间步释放粒子数等参数进行了敏感性分析。

第 3 章提出一种同步源项预测和模型偏差校正的联合估计方法。针对三门核电大气扩散风洞模拟实验中两个风向的实验数据，使用所提出的方法预测释放率，并同步校正烟羽扩散结果。最终完成对所提出方法的系统验证，并对测量数量、质量和位置等参数进行了敏感性分析。

第 4 章提出了基于快速傅里叶变换(fast Fourier transform，FFT)卷积的三维剂量率场快速计算方法。该方法通过重构三维积分公式，引入快速傅里叶变换技术，在保持和三维积分同精度的情况下，提升了数个量级的计算速度。所提出的方法结合多种大气扩散模型，在不同的测试算例中进行了系统验证。

第 5 章提出了基于非均匀快速傅里叶变换(non-uniform fast Fourier transform，NFFT)的非等距三维剂量率场快速计算方法，避免了剂量率计算前的浓度插值操作带来的不可预测的插值误差。该方法在近区使用光滑函数近似核函数，并应用非均匀快速傅里叶变换技术和近场校正来保持精度和提高计算速度。所提出的方法结合多种大气扩散模型，在不同的测试算例中进行了系统验证。

第 6 章为结论与展望。总结和梳理了本书的研究工作，指出了降低辐射风险预测不确定性方法中未来的改进方向。

第2章　快速风场诊断和拉格朗日粒子耦合模型的验证和参数优化

2.1　引　　论

MSS作为一个快速风场诊断和拉格朗日粒子耦合模型，较为有效地平衡了复杂场景下的计算精度和计算速度。MSS将受到建筑物影响的区域分为三个区，采用经验公式来调整三个区的风场和湍流场，以提升模型对建筑物的处理效果并保持较高的运行速度。在本章中，针对包含上述两种特征的浙江三门核电厂址，基于风洞实验数据，将MSS的三维预测结果和二维地面水平和代表性点位的垂直测量结果进行比较，对MSS的预测行为进行研究并分析其预测误差和预测特点。同时，针对释放粒子数、湍流强度下限、水平分辨率和垂直分辨率这四个重要参数，进行敏感性分析，优化模型参数。

2.2　基本原理

2.2.1　MSS模型

MSS耦合了质量守恒风场模型SWIFT和拉格朗日粒子扩散模型SPRAY[68,99]，如图2.1所示。这两部分功能独立并且按顺序运行。

2.2.1.1　SWIFT

SWIFT是一种能体现建筑效应的质量守恒风场诊断模型。其主要流程为：①根据气象站点的测量数据对整个区域范围进行插值，得到初始插值场；②根据地形和建筑等对风场产生影响的因素对初始场进行调整；③对调整后的风场进行质量守恒约束，得到最终风场。其区别于其他诊断模型的关键特征是对受建筑物影响的区域进行分区建模[101-102]。下面简

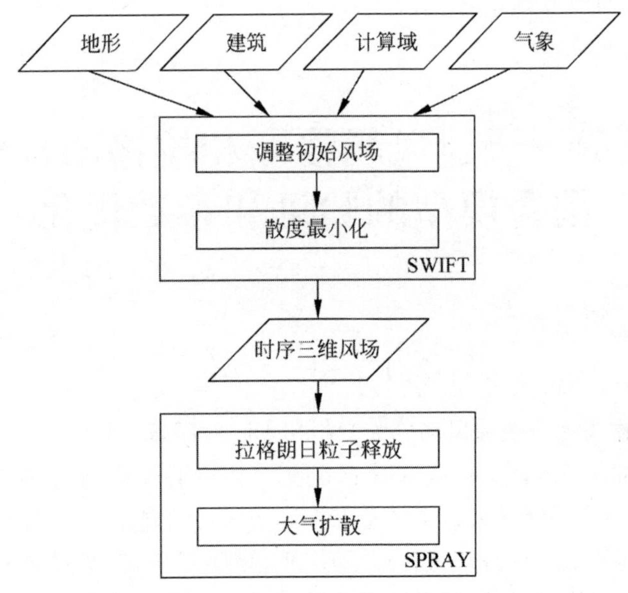

图 2.1　MSS 模型的运行流程图

要介绍初始风场插值、建筑效应调整以及质量守恒调整的具体实现方式。

(1) 初始风场插值

采用加权插值法把站点测量风速插值到需要的网格点上，插值公式如下：

$$u(i,j)=\frac{\sum_{k=1}^{n}u_k K_k(r)}{\sum_{k=1}^{n}K_k(r)} \tag{2-1}$$

其中，(i,j)表示待插值网格点的位置，r 是第 k 个测量站点到待插值网格点(i,j)的距离，$K_k(r)$为权重函数。最常见的插值方法为有限范围的反平方插值法，如下所示：

$$\begin{cases}K_k(r)=r^{-2}, & r\leqslant B\\ K_k(r)=0, & r>B\end{cases} \tag{2-2}$$

其中，B 是指定的影响半径，可根据实际情况更改。如果存在高层风测量，那么高层的风场同样通过插值法得到。如果不存在高层风测量，那么高层的风场由地面风场通过风廓线外推得到。通常可采用幂指数律风廓线推导，并假定网格点(i,j)上方的风向不变。

（2）建筑效应调整

以单独一个建筑，上风向为正西风为例简要介绍建筑效应如何体现，如图 2.2 所示。

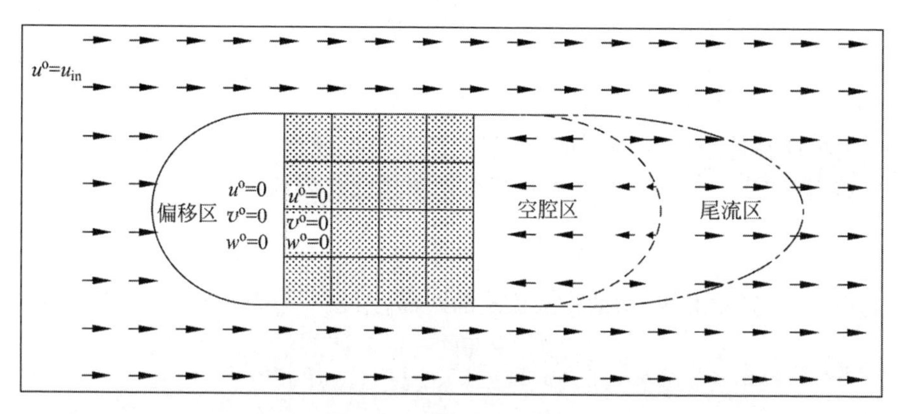

图 2.2　建筑分区示意图

风向量在遇到建筑后，受到建筑影响的空间分为三个区域，分别是偏移区（displacement zone），位于建筑的上风向；空腔区（cavity zone），位于建筑的下风向；尾流区（wake zone），位于空腔区的下风向。

当边界层的风吹到如图 2.2 所示的建筑上时，在建筑的上风向就会形成一个“偏移区”。该区域存在涡流，来流的风从地面分离开并附于 0～0.6H 高度的建筑上。偏移区的长度（L_F）取决于建筑的尺寸：

$$\frac{L_F}{H_b}=\frac{2(W/H_b)}{1+0.8W/H_b} \tag{2-3}$$

其中，H_b 为建筑的高度（m）。图 2.2 即为建筑在 $x+$ 方向上的长度，W 为建筑宽度。

Rockle 在他的论文中建议使用如下公式来描述“偏移区”的体积边界：

$$\frac{X^2}{L_F^2\{1-[Z/(0.6H_b)]^2\}}+\frac{Y^2}{W^2}=1 \tag{2-4}$$

其中，X，Y，Z 分别代表顺风、横风和高度的位置。在这个区域中，风速为 0（如图 2.2 中的偏移区所示，无箭头代表风速为 0）。

建筑的下风向同样存在流场的分离区域，被称为“空腔区”。风的流动在这个区域非常复杂。“空腔区”的顺风长度 L_R 可用下式表示：

$$\frac{L_R}{H_b}=\frac{1.8(W/H_b)}{(L/H_b)^{0.3}(1+0.24W/H_b)} \tag{2-5}$$

其中，L 为建筑在顺风方向上的投影长度(m)。

“空腔区”的主要流动模式为背风涡流，即在“空腔区”靠近地面的风向和建筑上的风向相反(如图 2.2 中空腔区箭头所示)。“空腔区”的体积边界可用如下公式表示：

$$\frac{X^2}{L_R^2[1-(Z/H_b)^2]}+\frac{Y^2}{W^2}=1 \tag{2-6}$$

风向在这个区域和建筑顶层风相反并且风速逐渐衰减，衰减到边界时风速为 0。而在这个区域中的风速可用下述公式表示：

$$U=U(H_b)\left(1-\frac{X}{d_N}\right)^2 \tag{2-7}$$

其中，d_N 是“空腔区”中的点到建筑的距离，用如下公式表示：

$$d_N=L_R\sqrt{\left[1-\left(\frac{Z}{H_b}\right)^2\right]\left[1-\left(\frac{Y}{W}\right)^2\right]}-0.5L \tag{2-8}$$

紧接着“空腔区”的下风向区域形成的湍流区，被称为“尾流区”。在“尾流区”内，风向和“空腔区”相反，并且风速从“空腔区”边界的 0 值开始逐渐增长，“尾流区”的长度约为“空腔区”的 3 倍。Rockle 推荐使用如下的公式描述在“尾流区”的风速：

$$U=U(Z)\left(1-\frac{d_N}{X}\right)^{1.5} \tag{2-9}$$

其中，$U(Z)$是建筑上方的边界层风速。此外，建筑物在定义时被设置为不可渗透的单元[66,109,150]。

(3) 质量守恒调整

在完成初始插值场的各项调整后，将对调整后的风场进行质量守恒约束：

$$\frac{d\rho_a}{dt}=0 \tag{2-10}$$

其中，ρ_a 为某网格点的空气质量。另外，可知：

$$\frac{d\rho_a}{dt}+\rho\,\nabla\cdot U=0 \tag{2-11}$$

由式(2-10)和式(2-11)可得：

$$\nabla\cdot U=0 \tag{2-12}$$

即

$$\frac{\partial u}{\partial x}+\frac{\partial v}{\partial y}+\frac{\partial w}{\partial z}=0 \tag{2-13}$$

式(2-13)中，x 和 y 为水平坐标，z 为垂直于水平面的坐标，u，v 和 w 为相应的风速分量。质量守恒风场调整即使诊断后风场满足质量守恒的要求，并且调整量最小。将约束条件加入函数得拉格朗日方程，再通过最小化式(2-14)来实现质量守恒风场诊断[101,151-152]：

$$J(u,v,w,\lambda)=\iiint_Q[\alpha_H^2(u-u_0)^2+\alpha_H^2(v-v_0)^2+\alpha_V^2(w-w_0)^2+\lambda\nabla U]\mathrm{d}x\,\mathrm{d}y\,\mathrm{d}z \tag{2-14}$$

其中，$Q=Q(x,y,z)$ 是三维的计算域；$U=(u,v,w)$ 是待诊断的风场；(u_0,v_0,w_0) 是经过插值和地形效应等调整后的风场；α_H 和 α_V 分别是水平方向和垂直方向的高斯精确度模，满足 $\alpha_i^2\equiv\frac{1}{2}\sigma_i^{-2}$，其中，$\sigma_i$ 的值为观测误差或观测场对调整风场的偏差。等式右侧的第一项衡量了诊断风场和调整风场的偏差，第二项则表示了质量守恒的约束。拉格朗日乘数 $\lambda=\lambda(x,y,z)$ 平衡了这两项[150,153-154]。由于约束条件的个数小于变量个数，故式(2-14)的最小值存在。由欧拉-拉格朗日方程可知，式(2-14)的解为

$$\begin{cases}u=u_0+\dfrac{1}{2\alpha_H^2}\dfrac{\partial\lambda}{\partial x}\\[2ex]v=v_0+\dfrac{1}{2\alpha_H^2}\dfrac{\partial\lambda}{\partial y}\\[2ex]w=w_0+\dfrac{1}{2\alpha_V^2}\dfrac{\partial\lambda}{\partial z}\end{cases} \tag{2-15}$$

并且应满足边条件：

$$\begin{cases}\boldsymbol{n}_x\lambda\delta(u)=0\\\boldsymbol{n}_y\lambda\delta(v)=0\\\boldsymbol{n}_z\lambda\delta(w)=0\end{cases} \tag{2-16}$$

其中，$\delta()$表示括弧内变量的一阶变分，$\boldsymbol{n}_x$，$\boldsymbol{n}_y$，$\boldsymbol{n}_z$ 分别表示 x，y，z 方向的外法向单位矢量。将式(2-15)代入式(2-13)，可得拉格朗日乘子 λ 满足如下方程：

$$\frac{\partial}{\partial x}\left(\frac{1}{\alpha_H}\frac{\partial\lambda}{\partial x}\right)+\frac{\partial}{\partial y}\left(\frac{1}{\alpha_H}\frac{\partial\lambda}{\partial y}\right)+\frac{\partial}{\partial z}\left(\frac{1}{\alpha_V}\frac{\partial\lambda}{\partial z}\right)=-\nabla U_0 \tag{2-17}$$

根据边条件，可解式(2-17)，再利用式(2-15)可得到最终的调整风场。此外，SWIFT 还可计算得到 SPRAY 所需的诊断湍流场，即扩散系数和湍

流动能耗散率[99,155]。诊断湍流场通过风场的局部剪切力和到最近建筑物的距离作为混合长度计算得到[102]。

2.2.1.2 SPRAY

SPRAY 是一种拉格朗日粒子扩散模型[156]。它使用确定性的方法来处理大气湍流，使用统计参数化表征主要特征。具体而言，SPRAY 通过应用汤姆森[157]开发的方案得到粒子运动的随机分量。

$$-\frac{\mathrm{d}\boldsymbol{X}_{\mathrm{p}}(t)}{\mathrm{d}t}=\boldsymbol{U}_{\mathrm{p}}(t) \tag{2-18}$$

$$\mathrm{d}\boldsymbol{U}_{\mathrm{p}}(t)=a(\boldsymbol{X},\boldsymbol{U})\mathrm{d}t+\sqrt{\boldsymbol{B}_0(X)\mathrm{d}t}\,\mathrm{d}\mu_{\mathrm{p}} \tag{2-19}$$

其中，$\boldsymbol{X}_{\mathrm{p}}(t)$和$\boldsymbol{U}_{\mathrm{p}}(t)$分别表示在固定笛卡儿参考系上定义的粒子的位置矢量和速度矢量。a 和$\boldsymbol{B}_0$ 通常是位置和时间的函数，而 $\mathrm{d}\mu$ 是随机标准化的高斯项(均值和单位方差为零)。对于 $\boldsymbol{B}_0$ 的垂直项，SPRAY 建议使用如下的表达式来计算：

$$B_{0z}=\frac{\sqrt{C_0(X)\varepsilon}}{2}=\frac{\sqrt{\overline{w^2}}}{T_{Lz}} \tag{2-20}$$

其中，C_0 是常数，ε 是湍流动能的耗散率。而 $\overline{w^2}=\sigma_{\mathrm{w}}^2$ 是垂直速度的方差。将上式的考虑推导至水平方向，可以得到：

$$\boldsymbol{B}_0=\begin{bmatrix}\sigma_{Ux}/T_{Lx}\\ \sigma_{Uy}/T_{Ly}\\ \sigma_{Uz}/T_{Lz}\end{bmatrix} \tag{2-21}$$

其中，T_{Lz} 为拉格朗日时间尺度，可以通过不同大气稳定度下的气象参数和当地粗糙度的物理参数计算得到。

2.2.2 统计评估方法

根据美国环境保护署的建议，将统计指标用于量化大气扩散模型的性能[66,150,158]。这些指标可评估模型预测浓度(C_{p})是否与观测到的浓度(C_{o})相匹配，其中包括几何平均偏差(geometric mean bias，MG)、几何方差(geometric variance，VG)、归一化均方误差(normalized mean square error，NMSE)、分数偏差(fractional bias，FB)和在监测数据 1/2～2 倍(1/5～5 倍)区间内的模拟数据占总数据量的百分比(fraction of predictions within a factor of two/five of the observations，FAC2/FAC5)。MG 和 VG 适用

于观测和预测的分布在几个数量级范围的情况[60,109]，而 FAC2 和 FAC5 对异常值具有鲁棒性，并提供可靠的总体度量。这些指标定义如下：

$$\mathrm{MG}=\exp[\mathrm{E}(\ln C_{\mathrm{o}})-\mathrm{E}(\ln C_{\mathrm{p}})] \tag{2-22}$$

$$\mathrm{VG}=\exp[\mathrm{E}(\ln C_{\mathrm{o}}-\ln C_{\mathrm{p}})^2] \tag{2-23}$$

$$\mathrm{FB}=2\,\frac{\overline{C}_{\mathrm{o}}-\overline{C}_{\mathrm{p}}}{\overline{C}_{\mathrm{o}}+\overline{C}_{\mathrm{p}}} \tag{2-24}$$

$$\mathrm{NMSE}=\frac{\overline{(C_{\mathrm{o}}-C_{\mathrm{p}})^2}}{\overline{C_{\mathrm{o}}C_{\mathrm{p}}}} \tag{2-25}$$

$$\mathrm{FAC2}=\text{fraction of data for which } 0.5\leqslant\frac{C_{\mathrm{p}}}{C_{\mathrm{o}}}\leqslant 2.0 \tag{2-26}$$

$$\mathrm{FAC5}=\text{fraction of data for which } 0.2\leqslant\frac{C_{\mathrm{p}}}{C_{\mathrm{o}}}\leqslant 5.0 \tag{2-27}$$

其中，E 是算术平均算子。请注意，浓度应为一定空间范围和时间分布中的总量、平均值或最大值。例如，确定范围内的一小时平均浓度。理想模型的 MG，VG，FAC2 和 FAC5 的值为 1，而 FB 和 NMSE 的值为 0。表 2-1[109] 给出了"可接受"模型的 FB，NMSE 和 FAC2 的典型参考范围及其含义。

以上统计指标基于相对浓度进行计算。本研究选择了三个有代表性的下风向区域进行量化：建筑区（1000 m 内）、山区（1000～3000 m）和整个计算域。这项研究仅在测量值或模拟值非零时才将数据视为有效统计数据。

表 2-1　"可接受"的大气扩散模型的统计指标参考范围

指标	参考范围	含　义
FB	$\lvert\mathrm{FB}\rvert<0.67$	相对平均偏差小于 1/2
NMSE	NMSE<6	随机散布小于平均值的 2.4 倍
FAC2	FAC2>0.3	预测值在观测值的 1/2～2 倍的比例高于 30%

2.3　实验设置

2.3.1　风洞实验

在本节中，对风洞实验的方法准则、实验设置和检测仪器等进行简要介绍。该实验数据同样被用于第 3 章的研究当中，在第 3 章中将不再对风洞实验进行介绍。

2.3.1.1　实验简介

为了对放射性核素扩散模型和源项反演算法进行验证，本课题组委托中国辐射防护研究院，对具有典型地形和建筑配置的浙江三门核电厂址（含建筑分布）及其周边地形进行物理建模，最终完成具有核电厂址特征的风洞实验。该实验持续时间为2013—2014年，分为中小尺度和小尺度两种。中小尺度实验的模型比例为1∶2000，模拟了以释放点为中心，大约6.5 km半径的范围；小尺度实验的模型比例为1∶600，模拟了以释放点为中心，大约2 km半径的范围。中小尺度实验包络了核电厂址附近的地形，厂址内的建筑。多个风向上的地形分布有很大不同，有的上风向为平坦海洋，有的上风向为起伏明显的高耸山脉，可以模拟多种情况下的扩散。小尺度实验真实重现了厂区内建筑分布，对小尺度范围的建筑效应模拟验证非常有效。该实验的释放类型有两种：①高架释放，以中心位置某机组的烟囱充当释放点，高约76 m；②地面释放，释放源位于烟囱下风向的平坦地面上，即每个实验风向的释放源位置并不相同，高约10 m。在本研究中，仅选取中小尺度的风洞实验数据，释放类型也选取更为严重的地面释放。中小尺度风洞实验从地形特征和节省实验材料角度，进行了6个风向的释放模拟，分别为依次相对的3对风向，(E，NE)、(NE，SW)和(SSE，NNW)。该实验的气象和湍流等设置根据三门核电厂址的年平均气象监测数据。

风洞实验使用缩小的模型来模拟实际大气中的污染物扩散情况，需要符合一定的条件。根据相似理论，风洞实验中的大气运动情况和实际大气运行情况需要具备以下相似准则：

(1) 几何相似，指的是风洞实验中的所有微缩模型，包括地形和建筑，都要按同一比例来缩小，并且模型和实际情况的粗糙度应该相近。

(2) 运动相似，指风洞实验和实际情况的大气流动特征相似。在风洞实验实际进行时，通常控制风洞来流入口处的流动特征和实际相似。上述的风廓线从实际厂址测量得到，并通过风洞入口处的可旋转尖劈和木质方块来控制风洞实验的大气特征。

(3) 动力相似，风洞中的大气流动和实际情况的大气流动应满足一系列的相似参数相等的要求。在本风洞实验中，用雷诺数相似来代表风洞实验和实际情形的动力相似。

(4) 扩散/释放相似。只要保证平均流和湍流结构相似，扩散相似的条件是可以达成的。释放条件的相似要求风洞实验中和实际情况中的释放速度(R)和释放附近的风速(W)的比值相等。由于风洞实验中的排放没有考虑热力排放，故没有热力抬升，因此风洞实验满足$(R/W)_m=(R/W)_r$。式中下标 m 代表风洞实验，r 代表实际情况。

(5) 边界条件相似。此相似要求风洞实验中气流总体边界条件和风洞设施的表面边界条件的相似性。为了满足这种相似，风洞实验要实现雷诺数自准，并且模型表面要符合$\mu * \times z_0/\nu > 2.5$。其中，$\mu *$ 为表面摩擦速度，z_0 为表面粗糙长度，ν 为空气运动黏性系数。

风洞实验设置如图 2.3 所示。本风洞实验为直流下吹式，整体全长为 36 m，实验段长宽高如图 2.3 中所标识。本次风洞实验仅模拟中性层结流动。实验段入口有一个速度车，用来分层控制产生的风速有恰当的速度廓线和湍流强度。

在风洞实验中，主要的数据测量有两种：①风场测量，包括风向、风速和湍流强度等；②浓度场测量，包括地面浓度和垂向浓度分布等。其中风场测量采用丹麦 DANTEC 公司生产的热线风速仪，实验时此仪器正对来流，测 u，w 方向的风速，无 v 方向风速。速度范围为 0.2～300 m/s，精确到两位有效数字，精确度为±1.5%或±0.02 m/s。图 2.4 展示了热线风速仪测量装置。

浓度场测量通过红外气体分析仪，采用 CO 示踪气体。风洞实验中使用多点样品采集系统。实验时，多点样品采集系统的多台采样器同时工作，接着采用红外气体分析仪进行浓度分析，得到最终浓度数据。其中，采样袋体积为 1 L，采样时间通常为 1 min，采样口朝向来流方向。系统设置如图 2.5 所示。

2.3.1.2　本研究所用风洞实验设置

本研究所用风洞实验设置如图 2.6 所示，选取核电站点的代表性风向(E/NE 两个风向)进行实验。该核电厂址有 7 个反应堆建筑物和许多辅助设施，其中一些位于山脚下(图 2.6(a))。同时，该核电厂址西南方向的地形高度复杂，由部分高耸山脉组成(图 2.6(b))，而北面和东面是海洋，非常平坦。该风洞实验通过在风洞模型的反应堆附近释放 CO 来模拟现实中地

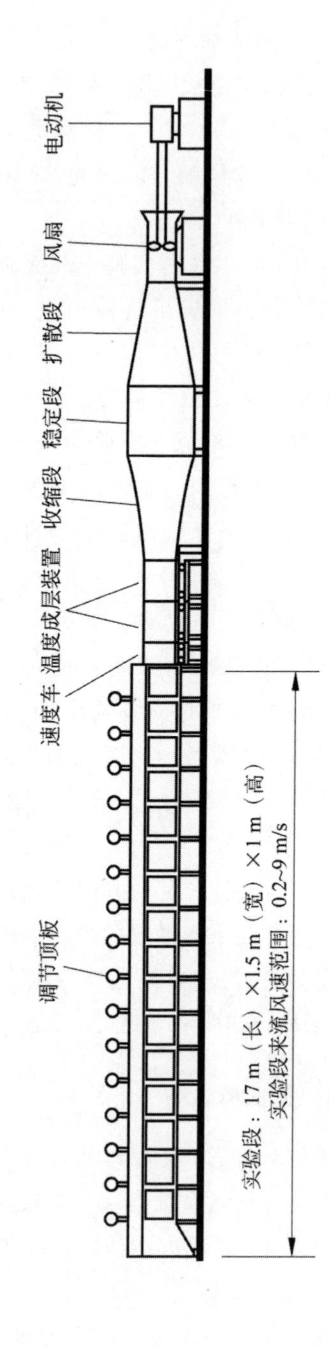

图 2.3 风洞实验设备示意图

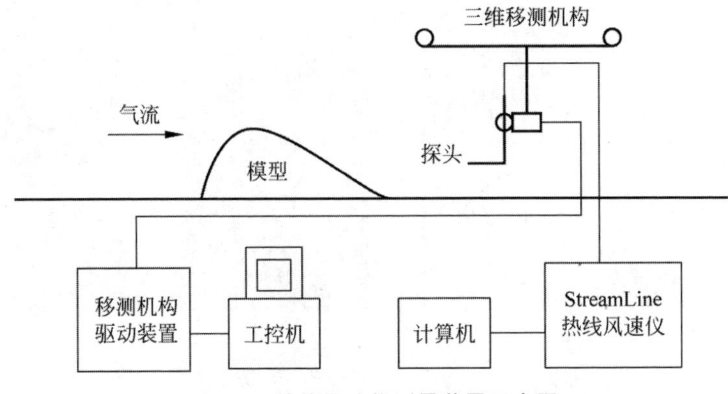

图 2.4　热线风速仪测量装置示意图

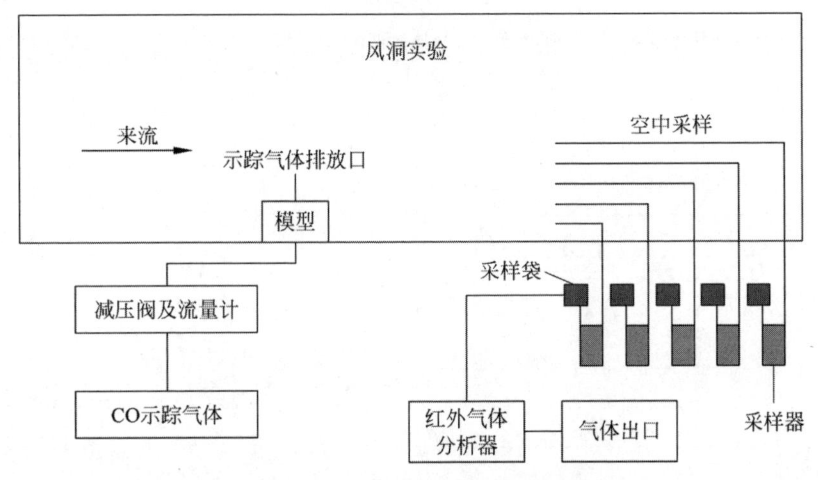

图 2.5　多点样品采集系统的框图

面释放的情况，即从图 2.6(a)中的星号附近释放。源释放速度为 0.81 m/s，相当于现实世界中地面释放速度为 10.2 m/s。根据年平均风速和现场测得的风廓线，设置风洞设施的进风量。核电厂址没有特地测量地面粗糙度，附近的金七门有测量数据，由最小二乘法得出为 0.266，可参考使用。

本研究收集 4 个代表性位置的垂直风廓线（图 2.7 中标记为红色三角形）和地面层风速测量（图 2.7 中标记为蓝色圆圈）以评估 SWIFT 在复杂场景下的三维风场预测的准确性。代表性点位于受障碍物影响较大的区域，通常位于风场受到障碍物影响形成的尾流区和绕流区。

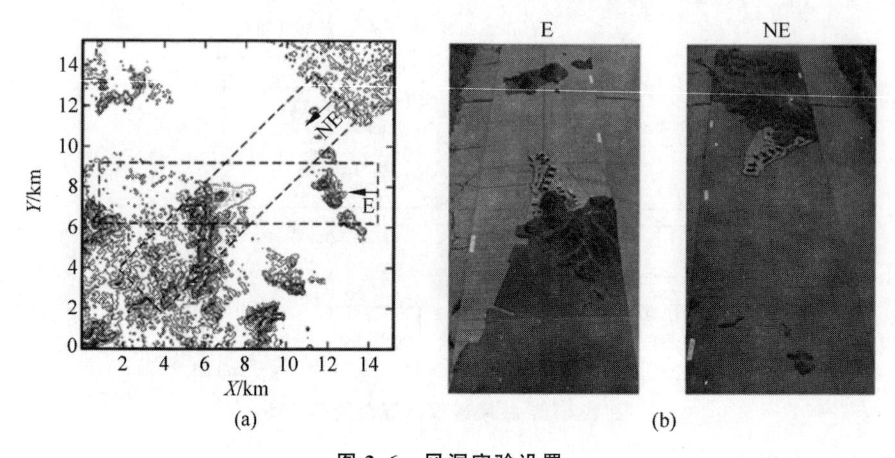

图 2.6 风洞实验设置

(a) 核电厂址地形图,图中心的五角星为释放位置;(b) E 和 NE 方向的 1∶2000 风洞模型

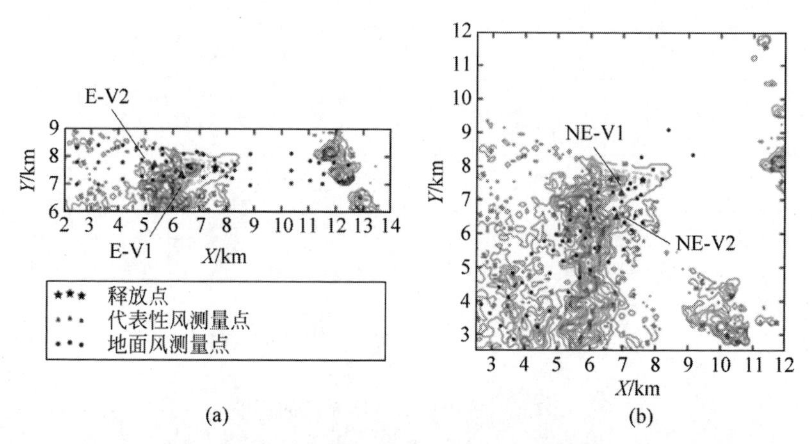

图 2.7 地面风测量点(蓝色圆圈)和代表性风测量点(红色三角形)位置示意图(见文前彩图)

(a) E 风向;(b) NE 风向

同时,本研究收集了 4 个代表性点的垂向浓度分布(图 2.8 中的红色三角形)、地面水平浓度分布(图 2.8 中的蓝色圆圈)和地面轴线浓度分布(图 2.9 中的蓝色圆圈)以验证 SPRAY 在复杂场景下浓度预测的准确性。

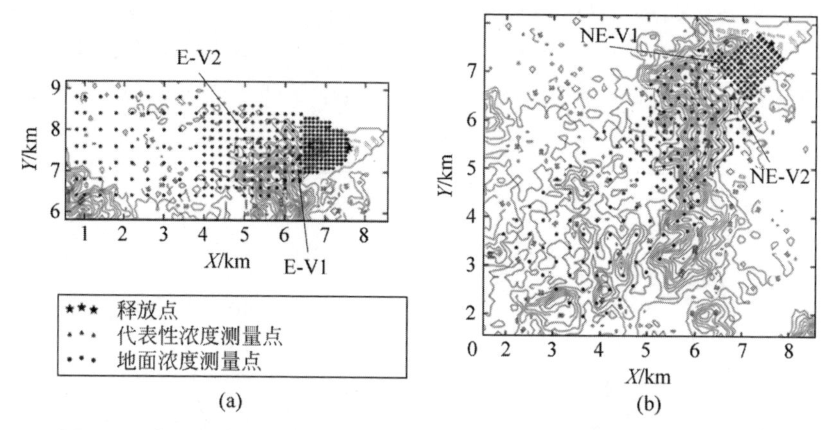

图 2.8　地面浓度测量点(蓝色圆圈)和代表性浓度测量点(红色三角形)的位置示意图(见文前彩图)

(a) E风向；(b) NE风向

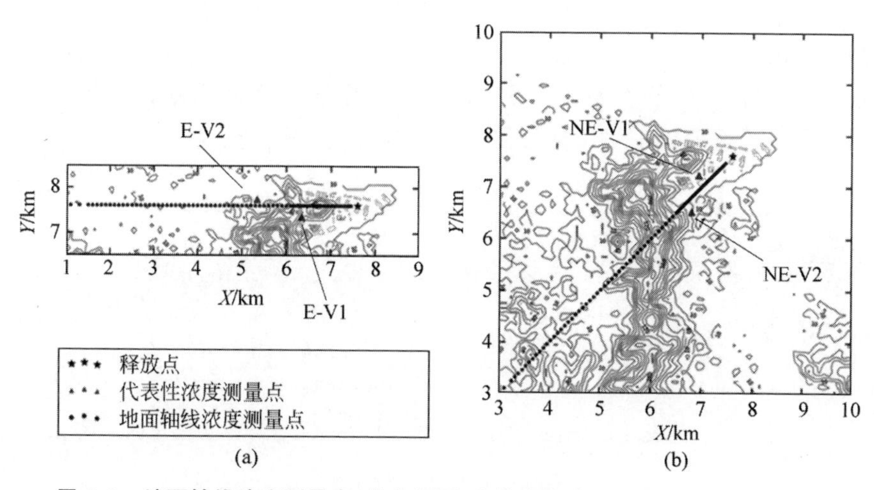

图 2.9　地面轴线浓度测量点(蓝色圆圈)和代表性浓度测量点(红色三角形)的位置示意图(见文前彩图)

(a) E风向；(b) NE风向

2.3.2　MSS运行参数设置

SWIFT和SPRAY均使用了三维的建筑物和地形数据，模拟计算域为15 km×15 km。考虑烟羽抬升效应，抬升高度为12 m，有效释放高度为

22 m。SUMIN,SVMIN 和 SWMIN 表示风的 u,v 和 w 分量的湍流强度下限,用于防止模拟计算时低估湍流。湍流强度下限是具有站点特异性的,将通过本研究进行敏感性分析。表 2-2 汇总了其他较为重要的计算参数。

表 2-2　MSS 模拟的默认参数设置

参　数	值
水平分辨率/m	100
垂直分辨率/m	10
释放时间步长度/s	10
粒子数(每时间步)	10 000
预测平均时间/s	600
湍流强度下限/(m/s)	0.9,0.9,0.3

2.3.3　MSS 敏感性分析参数设置

为了测试 MSS 的鲁棒性并优化模型参数,针对每时间步粒子数、湍流强度下限以及水平分辨率和垂直分辨率进行了敏感性研究。当针对某一参数进行分析时,其他参数在计算时间和模型精度之间进行权衡。表 2-3 列出了在敏感性分析中使用的各参数的数值。

表 2-3　敏感性分析的参数设置

参　数	值
粒子数(每时间步)	10, 100, 1000, 10 000, 100 000
湍流强度下限/(m/s)(SUMIN, SVMIN, SWMIN)	(0.3,0.3,0.3)*, (0.6,0.6,0.3), (0.9,0.9,0.3), (1.2,1.2,0.3)
水平分辨率/m	20, 50, 100, 300, 500
垂直分辨率/m	5, 10, 20, 30, 50

*: MSS 默认参数值。

2.4　结果与讨论

2.4.1　模拟风场结果验证

图 2.10 为 MSS 地面风向模拟结果和测量结果的对比散点图。对于 E 方向,所有散点都在 2 倍线内,并且大多数点集中在 1 倍线附近。这表明 MSS 风向预测结果与测量结果非常吻合(图 2.10(a))。而 NE 方向,大多

数点在1倍线以下，说明MSS高估了风向。此外，这些点比E方向的点更分散，但大多数仍在2倍线内(图2.10(b))。造成这种差异的一个原因可能是，NE方向的测量结果是在更复杂的区域中进行的(图2.6(a))，因此模拟再现起来更具挑战性。而对于这两个方向，MSS预测在山区和建筑区都显示出相似的精度。

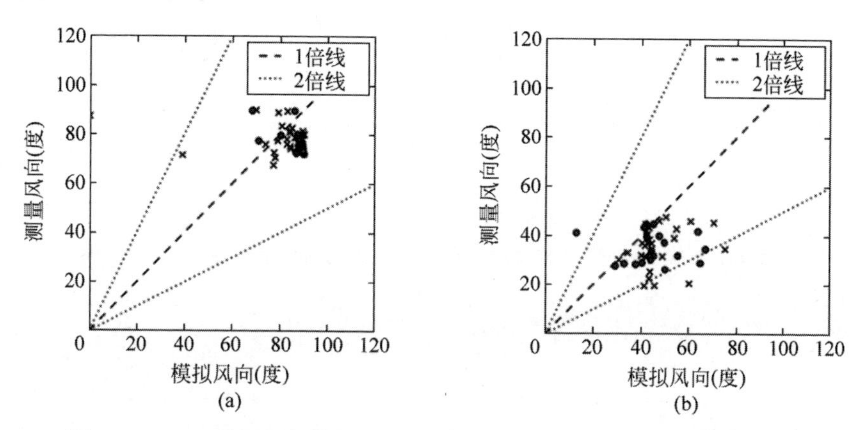

图2.10 MSS地面风向模拟结果和测量结果的对比散点图(见文前彩图)

(a) E方向；(b) NE方向

红点表示建筑区，蓝色叉号表示山区

图2.11为MSS地面风速模拟结果和测量结果的对比散点图。对于E方向，建筑区的预测风速保持在3 m/s左右，而山区的预测风速较为分散。对于NE方向，散点更加分散，并在建筑区和山区表现出相似的行为。对于两个方向，大多数点都在2倍线内，这表明模拟结果在很大程度上与测量结果相吻合。此外，1倍线下方的点比1倍线上方的点更多，这表明MSS倾向于高估这两个区域的风速。

图2.12比较了4个代表性点位的模拟和测量风速垂直分布。预测的趋势与4个位置的测量趋势非常相似(图2.12)，并且高估100 m以下的速度，而低估100 m以上的速度。在4个站点中，MSS在NE-V2处表现出最佳性能(图2.12(d))，可能是因为该站点周围及其上风向的地形都相对简单。

2.4.2 浓度分布结果验证

图2.13为模拟和测量的地面浓度对比图。对于E方向，除了中部山脉以西的部分高估(如图2.13(a)中的箭头所示)外，模拟结果通常与测量

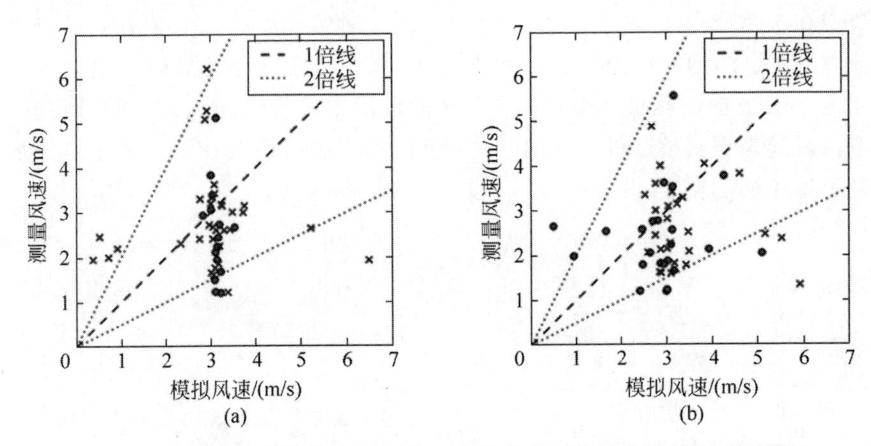

图 2.11 MSS 地面风速模拟结果和测量结果的对比散点图(见文前彩图)

(a) E 方向；(b) NE 方向

红点表示建筑区,蓝色叉号表示山区

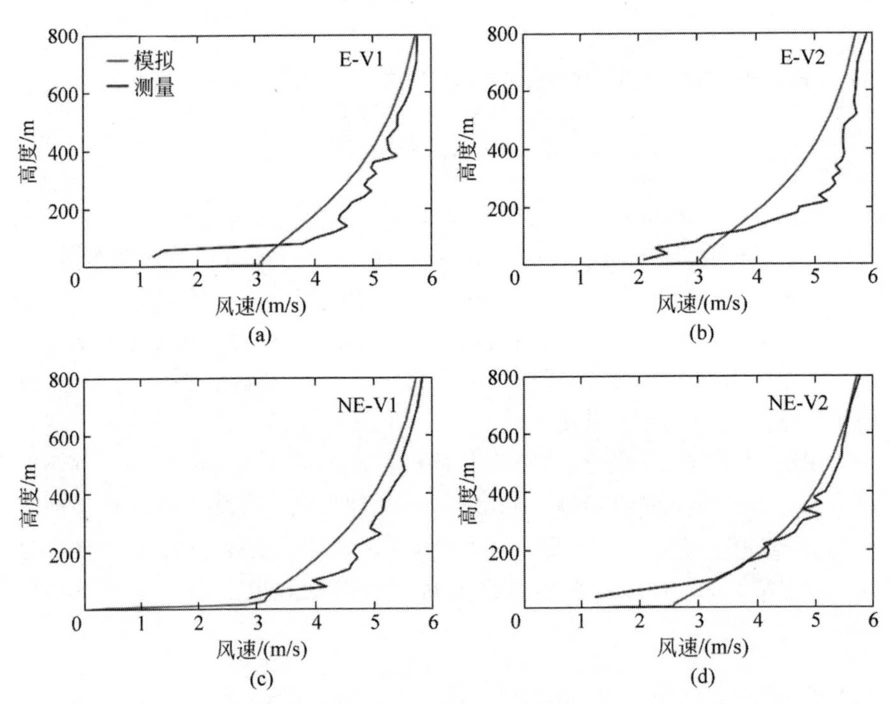

图 2.12 代表性点位垂向风速分布模拟和测量结果的对比图(见文前彩图)

(a) E-V1；(b) E-V2；(c) NE-V1；(d) NE-V2

模拟风速(红线)和测量风速(蓝线)

匹配得很好。此外,MSS 成功地在释放附近重现了高浓度(大于 10^{-11} s/m^3)(图 2.13(b))。另外,模拟的烟羽显示出与地形和建筑物布局的良好相关性,表明两者均已在 MSS 中进行了适当处理(图 2.13(b)中的箭头所示)。在之前的 SWIFT-RIMPUFF 预测中未发现这种相关性[36]。

对于 NE 方向,模拟结果与测量的一致性也令人满意。与 E 方向相似,在烟羽中部的一些位置也有部分高估(图 2.13(c)中的箭头所示)。值得注意的是,MSS 成功地重建了烟羽中心和释放点上风向的高浓度(大于 10^{-11} s/m^3)(如图 2.13(d)中的箭头所示)。而以前的 RIMPUFF 模型[36]没有重现这些浓度,说明该模型未考虑湍流。这种差异表明,湍流对于复杂地形和建筑布局中的扩散建模至关重要。图 2.13(d)还表明,这些预测值与中部山脉之前的测量值相吻合,但是明显高估了山脉下风向。此现象也可以在图 2.13(a)中看到。

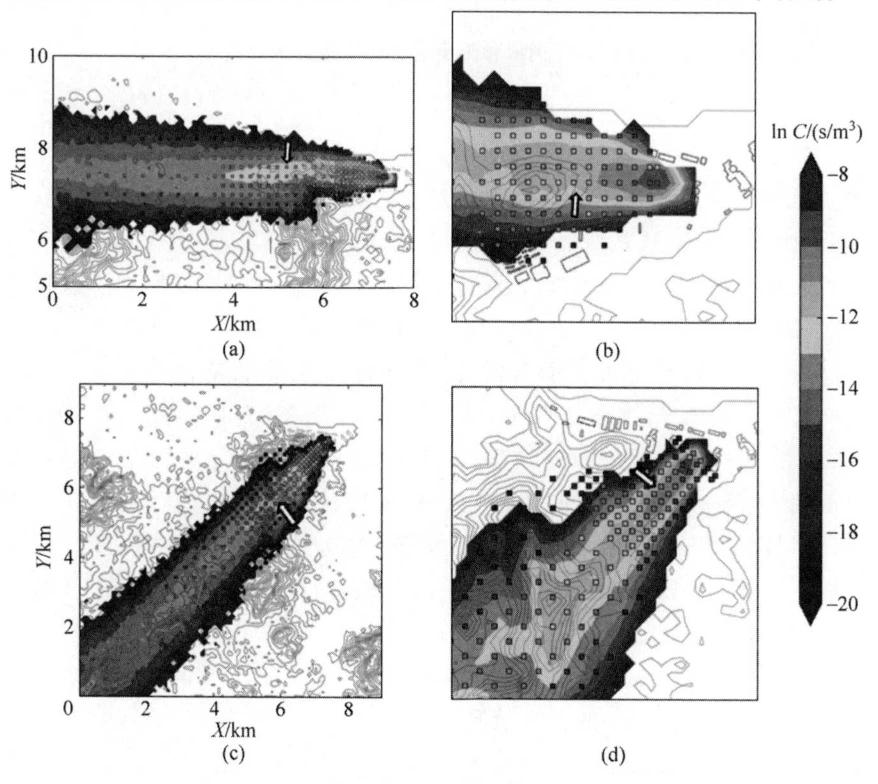

图 2.13　模拟和测量地面浓度对比(见文前彩图)

(左列):(a) E 方向;(c) NE 方向,近场地面浓度对比(下风向约 2 km 范围);

(右列):(b) E 方向;(d) NE 方向,彩色烟羽图为 MSS 模拟地面浓度分布,

彩色正方形代表该点位的地面浓度测量值

图 2.14 绘制了模拟和测量的轴向地面浓度与绝对距离的关系图。对于两个方向，MSS 预测都显示出与测量结果相似的趋势。但除了释放附近，MSS 会在大多数距离上高估浓度，尤其是在 NE 方向。

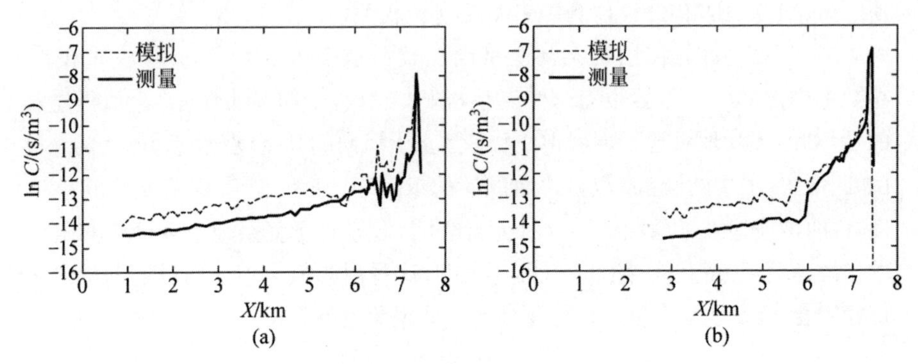

图 2.14　模拟和测量的轴线浓度结果对比

(a) E 方向；(b) NE 方向

图 2.15 将 4 个代表性点位处的模拟垂直浓度曲线与测量值进行了比较。MSS 低估了位于烟羽边缘的 E-V1 和 NE-V1 处（图 2.13）的浓度（图 2.15(a)和(c)），并高估了更靠近羽流轴线（图 2.13）的 E-V2 和 NE-V2 处的浓度（图 2.15(b)和(d)）。在先前的一项研究中同样观察到了这种现象，该研究验证了 MSS 在城市环境中的扩散情况[60]。

表 2-4 汇总了两个风洞实验中 MSS 浓度预测的量化指标。对于 E 方向，FB，NMSE 和 FAC2 均在“可接受”参考范围（表 2-1）内。而 MG 和 VG 在山区的结果要好于建筑区，尽管两者均存在一定的低估。这种差异表明，MSS 在复杂地形的区域比在高密度建筑的区域表现更好。在完整计算域中，所有三个指标均在“可接受”参考范围内，证明了 MSS 的有效性。此外，两个方向的风洞实验中的 FB 指标均为负值，表明 MSS 倾向于高估浓度。

对于 NE 方向，除 FB 之外，完整计算域的指标比 E 方向的指标差。这可能是因为 NE 方向上的大多数测量站点都位于非常复杂的地形中，从而给模型模拟预测带来了挑战。由于建筑物在顺风方向上分布非常稀疏，建筑区的 MG 非常接近完美模型。FAC2 对于建筑和山区而言均不尽如人意，分别为 46%和 41%。但是，FB，NMSE 和 FAC2 的值均在“可接受”参考范围内。

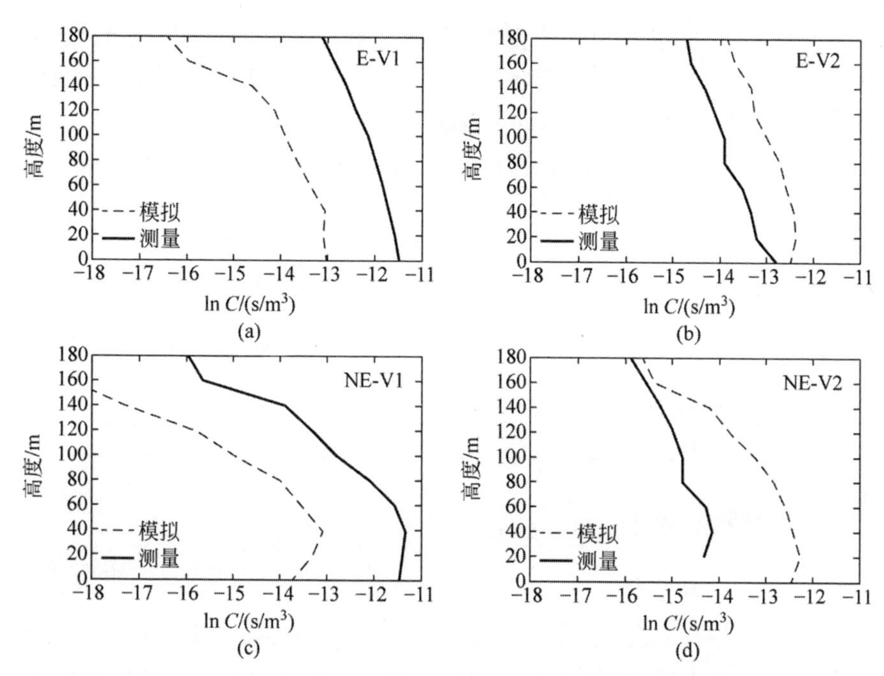

图 2.15 代表性点位上模拟和测量的垂向浓度分布结果对比

(a) E-V1；(b) E-V2；(c) NE-V1；(d) NE-V2

表 2-4 两个实验中 MSS 浓度预测性能的定量评估表

方向	区域	MG	VG	FB	NMSE	FAC2	FAC5
E	建筑区	1.26	3.23	−0.32	0.30	0.62	0.85
	山区	0.97	2.29	−0.21	0.31	0.54	0.92
	完整计算域	0.90	2.83	−0.32	0.30	0.52	0.88
NE	建筑区	0.96	53.73	0.19	2.08	0.46	0.74
	山区	0.34	9.79	−0.56	0.74	0.41	0.66
	完整计算域	0.59	15.51	0.01	2.00	0.37	0.71

表2-5比较了本研究(MSS)和刘蕴研究(SWIFT-RIMPUFF)的预测结果指标。预测指标通过轴线纵向最大值(共33个点)进行统计。两个模型具有相近的表现。对于E方向，MSS的MG和VG在绝大多数区域都优于SWIFT-RIMPUFF，并且FAC2在整个计算域也优于SWIFT-RIMPUFF。SWIFT-RIMPUFF则在NE方向的大多数区域具有优势。一个可能的原因是SWIFT-RIMPUFF预测结果更为平滑，这有助于减少异常误差。然而，MSS的模拟烟羽比SWIFT-RIMPUFF的具有更多的细节信息，也更符

合现实情况，尤其是非轴线的预测（本研究的图 2.13，刘蕴研究[36]的图 8 和图 9）。因此，在这个风洞实验验证中，SWIFT-RIMPUFF 的轴线预测具有较小的偏差，MSS 则提供了更详细的烟羽细节预测。

表 2-5　MSS（本研究）与 SWIFT-RIMPUFF（刘蕴研究）的统计对比表

方向	区域	MG		VG		FAC2	
		本研究	刘蕴研究	本研究	刘蕴研究	本研究	刘蕴研究
E	建筑区	1.67	0.74	3.70	1.41	0.60	0.91
	山区	0.62	1.69	1.56	1.34	0.60	0.82
	完整计算域	0.83	1.48	1.23	1.68	0.85	0.64
NE	建筑区	5.80	1.67	458.69	1.54	0.45	0.55
	山区	0.66	1.71	2.04	1.48	0.80	0.55
	完整计算域	1.32	1.56	11.26	1.36	0.61	0.70

2.4.3　敏感性分析

2.4.3.1　粒子数

表 2-6 汇总了每时间步释放不同粒子数时的浓度预测结果统计指标。对于两个方向，当粒子数从 10/(10s)增加到 100/(10s)时，所有统计指标都有明显改善。然而，除 MG 外，进一步增加粒子数并不一定会改善其他指标。当粒子数超过 10 000 时，所有指标反而变得更差。此外，MSS 在 E 方向上的统计指标要优于 NE 方向。此外，大多数统计指标都处于表 2-1 的“可接受”参考范围内。

表 2-6　每时间步释放粒子数的统计指标汇总表

方向	粒子数/(10s)	MG	VG	FB	NMSE	FAC2	FAC5
E	10	0.25	19.10	−0.81	0.58	0.22	0.60
	100	0.61	2.56	−0.32	0.34	0.59	0.90
	1000	0.63	2.80	−0.36	0.33	0.51	0.91
	10 000	0.90	3.05	−0.32	0.30	0.52	0.88
	100 000	0.83	3.90	−0.34	0.33	0.46	0.87
NE	10	0.23	119.05	−0.59	1.81	0.29	0.55
	100	0.30	38.22	−0.18	1.92	0.33	0.60
	1000	0.35	23.31	−0.14	2.17	0.33	0.62
	10 000	0.59	15.51	0.01	2.00	0.37	0.71
	100 000	0.53	23.80	−0.11	2.13	0.31	0.65

2.4.3.2　湍流强度下限

图 2.16 比较了 MSS 在不同湍流强度下限时的地面烟羽浓度预测。MSS 使用默认值(0.3,0.3,0.3)时，预测的烟羽沿其轴线高度集中（图 2.16(a)和(b)），

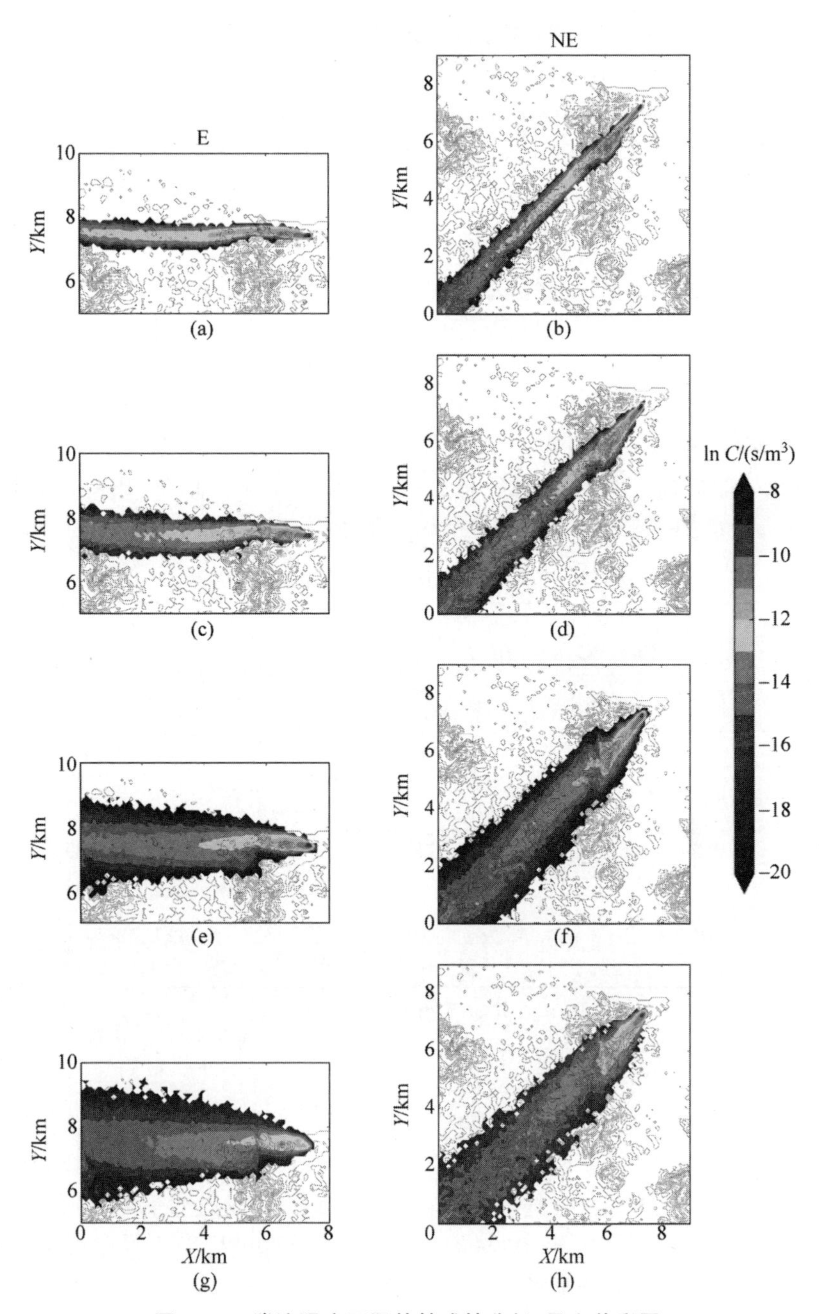

图 2.16　湍流强度下限的敏感性分析(见文前彩图)

从上到下 SUMIN 和 SVMIN 的值分别是 0.3 m/s，0.6 m/s，0.9 m/s，1.2 m/s

导致沿轴线的浓度高估和边缘附近的浓度低估。这种现象在山区和建筑区都存在,表明默认湍流强度引起的空气混合程度未达到实际情况。随着湍流强度的下限增大,烟羽宽度增大,并且在侧风方向上产生更多的浓度。但是,当湍流强度下限增大到(1.2,1.2,0.3)时,湍流引起的混合十分强烈。此时,模拟的烟羽浓度在轴线位置明显被低估,许多细节被平滑了。

表2-7列出了图2.16中不同湍流强度下限浓度预测的统计指标。对于两个方向,因为湍流强度下限的增加,因此所有指标都显示出相似的趋势。除了下限为(0.3,0.3,0.3)外,FB和NMSE几乎保持不变。随着湍流强度下限的增加,增加了平滑效果,FAC2指标越来越好。尽管统计指标在湍流强度下限为(1.2,1.2,0.3)时是最优的,但烟羽的过度平滑不可接受(图2.16(g)和(h))。相比之下,下限为(0.9,0.9,0.3)时生成良好的核素分布和统计指标。因此,本研究建议将(0.9,0.9,0.3)用于MSS在具有复杂地形和高密度建筑分布区域中的大气扩散模拟。

表2-7 不同湍流强度下限的统计指标汇总表

方向	湍流强度下限/(m/s) (SUMIN, SVMIN, SWMIN)	MG	VG	FB	NMSE	FAC2	FAC5
E	0.3, 0.3, 0.3	3.17	1298.9	−0.49	1.35	0.29	0.52
	0.6, 0.6, 0.3	1.88	19.36	0.62	6.10	0.33	0.77
	0.9, 0.9, 0.3	1.39	7.61	0.62	6.27	0.40	0.81
	1.2, 1.2, 0.3	1.05	4.26	0.62	6.46	0.49	0.86
NE	0.3, 0.3, 0.3	3.21	633.19	−0.0093	0.58	0.29	0.53
	0.6, 0.6, 0.3	1.74	39.69	0.038	0.56	0.36	0.71
	0.9, 0.9, 0.3	0.75	7.57	0.04	0.46	0.41	0.76
	1.2, 1.2, 0.3	0.4	8.8	0.03	0.41	0.45	0.74

2.4.3.3 水平分辨率

图2.17的左边两列显示了具有不同水平分辨率的MSS预测结果和测量对比的散点图。对于两个方向,随着水平分辨率从20 m降低到100 m,散点更集中于2倍线内。这是由于较粗分辨率网格具有的平均效果在某种程度上消除了随机误差。但随着分辨率继续降低,许多散点变得分散并且与测量的相关性大大降低(图2.17的最后两行)。此现象是由分辨率过于粗糙而导致的细节损失所致。此外,MSS的预测随着水平分辨率从20 m降低到100 m(图2.17的前三行),存在低估现象。

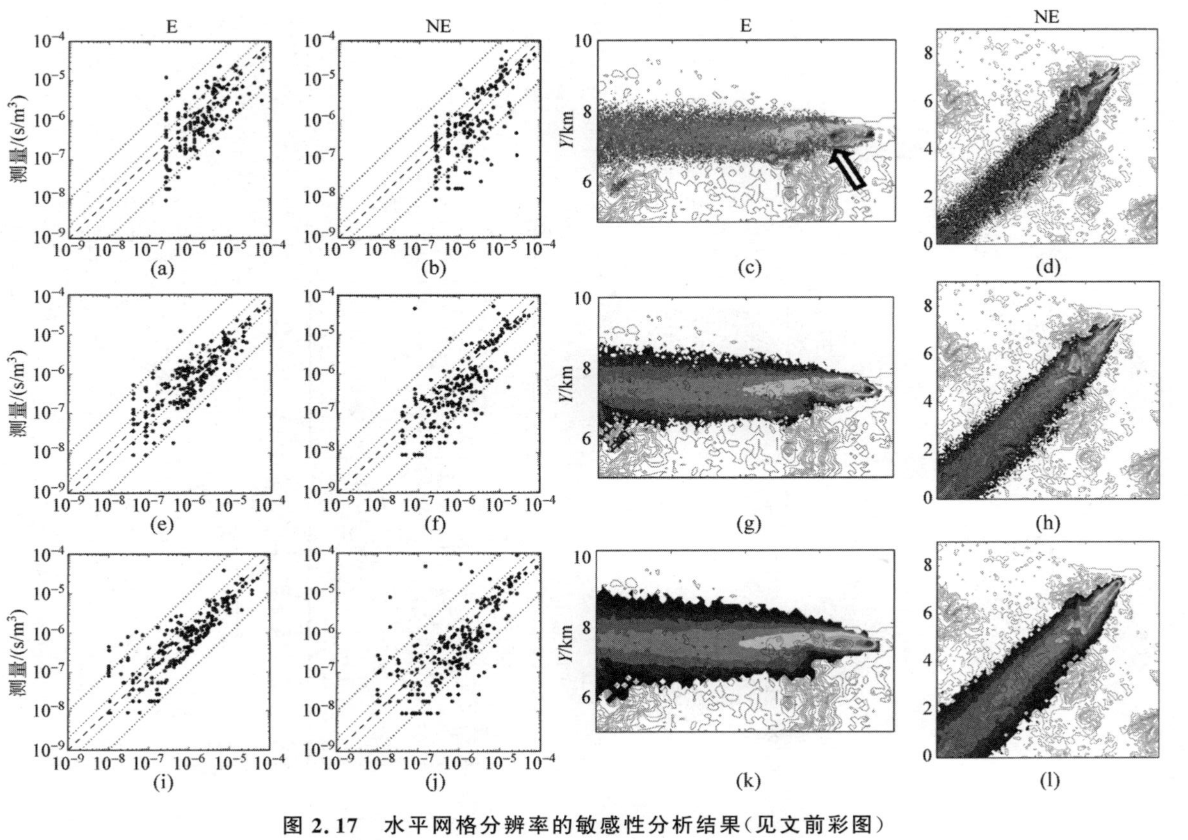

图 2.17　水平网格分辨率的敏感性分析结果(见文前彩图)

每行的水平分辨率为:(a)~(d) 20 m;(e)~(h) 50 m;(i)~(l) 100 m;(m)~(p) 300 m;(q)~(t) 500 m

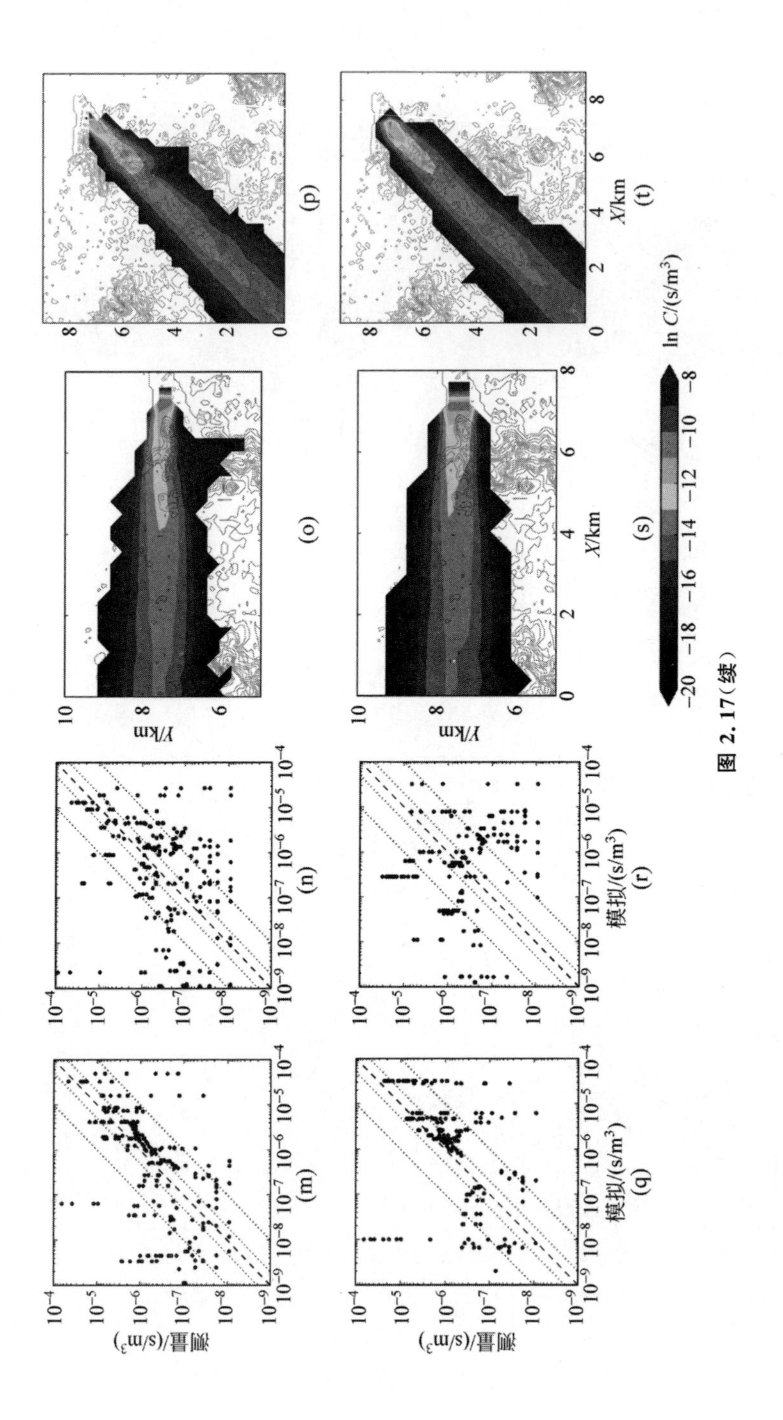

图 2.17(续)

在图 2.17 的右边两列中，可以更好地看到空间平均效果。对于 E 方向，分辨率为 20 m 的预测烟羽显示出异常高浓度累积现象(图 2.17(c)中的箭头所示)，而在图 2.13 的测量中并未观察到。随着分辨率降低，异常高浓度区逐渐变平滑。但是，当分辨率低于 300 m 时，具有很严重的信息丢失现象(图 2.17(o))。对于 NE 方向，分辨率为 20 m 的预测烟羽在西南方向上离散严重(图 2.17(d))。随着分辨率的降低，浓度分布变得越来越平滑。当分辨率低于 300 m 时，预测烟羽同样具有很严重的信息丢失现象。

表 2-8 汇总了不同水平分辨率敏感性分析的统计指标。对于两个方向，300 m 和 500 m 分辨率的统计指标都不令人满意，而大多数统计指标在 100 m 分辨率时达到了最优。在 NE 方向上，VG，NMSE 和 FAC5 在 50 m 的分辨率时达到最优值。当分辨率大于 300 m 时，VG 的值异常高。图 2.17 和表 2-8 表明了该实验场景下 MSS 的最佳水平分辨率为 100 m。

表 2-8　水平分辨率敏感性分析的统计指标汇总表

方向	水平分辨率/m	MG	VG	FB	NMSE	FAC2	FAC5
E	20	0.52	6.77	−0.60	1.49	0.36	0.74
	50	0.73	2.81	−0.44	0.55	0.46	0.92
	100	0.90	3.05	−0.32	0.30	0.52	0.88
	300	1.32	239.36	−0.31	4.09	0.33	0.62
	500	1.13	3699.08	−0.56	5.20	0.34	0.55
NE	20	0.37	20.29	−0.30	1.16	0.43	0.69
	50	0.48	9.26	−0.07	0.93	0.40	0.74
	100	0.59	15.51	0.01	2.00	0.37	0.71
	300	0.85	3.13×10^5	−0.03	4.77	0.20	0.45
	500	2.23	4.55×10^8	−0.10	56.77	0.12	0.21

2.4.3.4　垂直分辨率

图 2.18 展示了具有不同垂直分辨率的 MSS 模拟结果。对于两个方向，散点都在 10 m 的分辨率时最为集中，并随着分辨率下降逐渐变得分散(图 2.18 的最左两列)。另外，值得注意的是，在两个方向上的 5 m 分辨率都存在异常高浓度累积现象(如图 2.18(c)和(d)中的箭头所指)。高浓度累积发生在地形急剧变化的山区。随着垂直分辨率的降低，累积现象逐渐消失。随着分辨率从 10 m 减小到 20 m，释放点附近的烟羽宽度会明显增加。但随着分辨率的进一步降低，羽流仅显示出较小的变化。

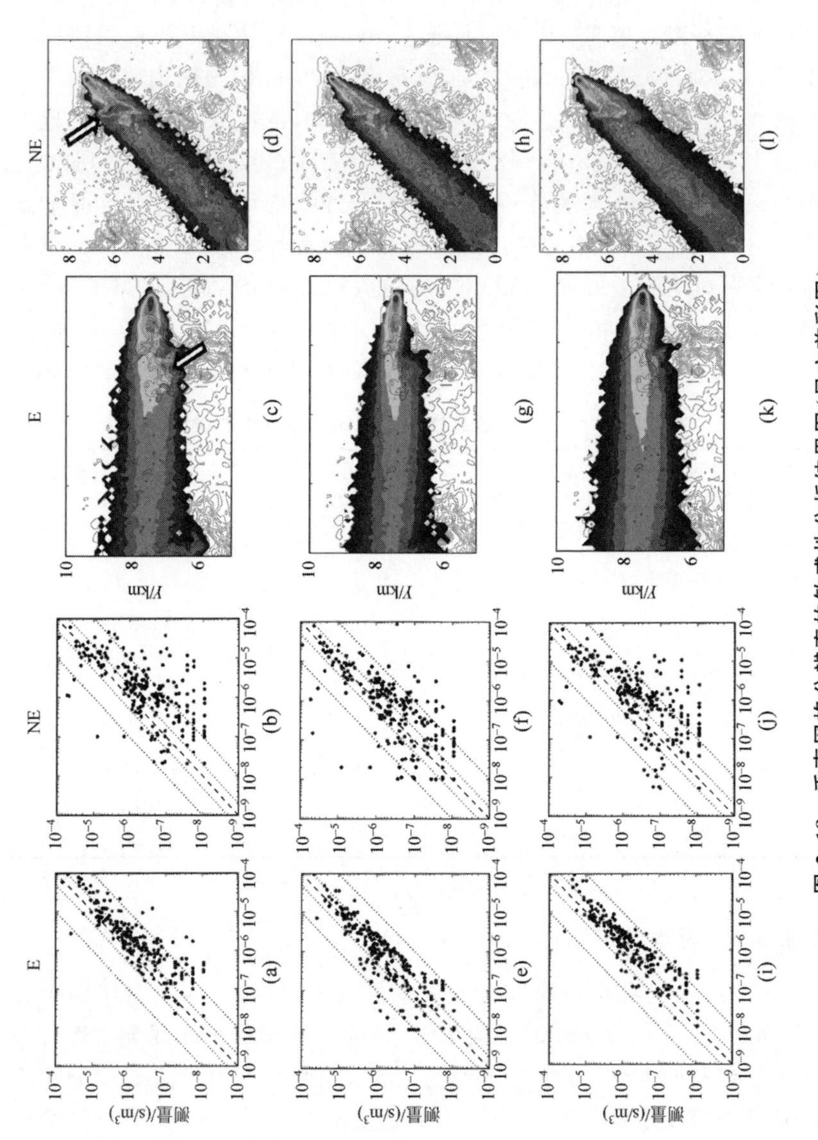

图 2.18 垂直网格分辨率的敏感性分析结果图(见文前彩图)

每行垂直分辨率为：(a)~(d) 5m；(e)~(h) 10 m；(i)~(l) 20 m；(m)~(p) 30 m；(q)~(t) 50 m

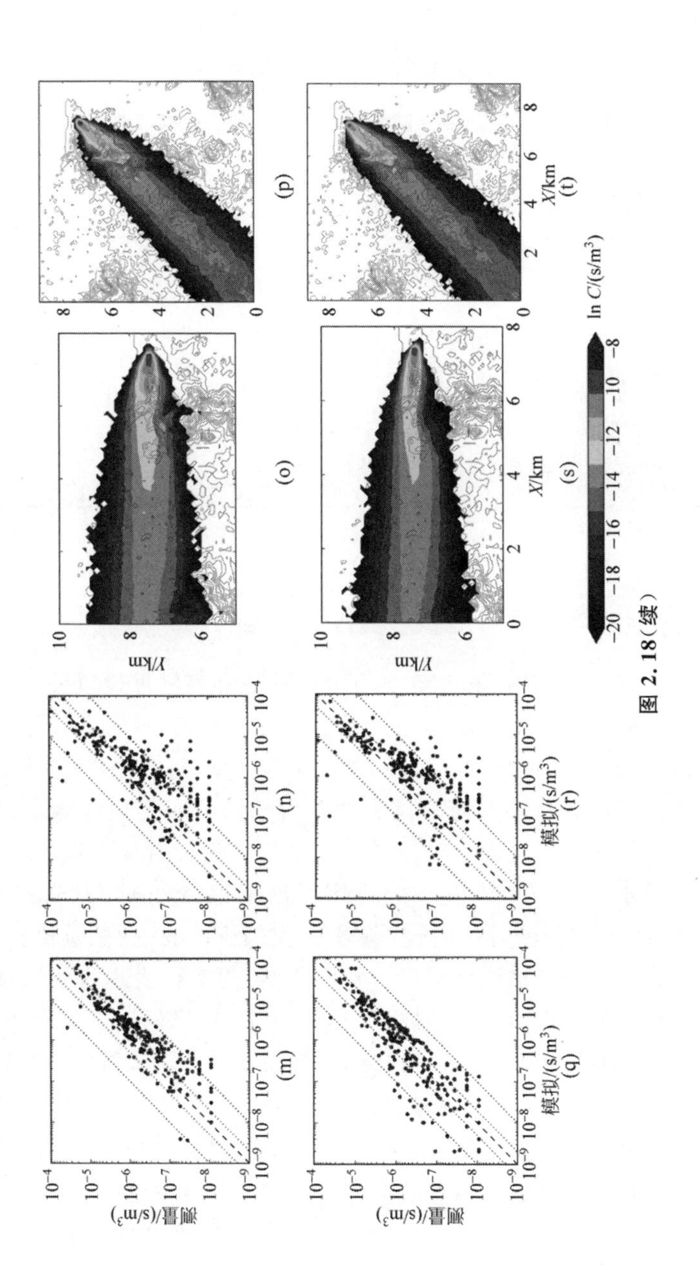

图 2.18（续）

表2-9汇总了不同垂直网格分辨率敏感性分析的统计指标。在两个方向上,除FB以外,分辨率为10 m的预测都会产生最佳统计结果。该结果进一步证实了图2.18中的对比,并表明该实验场景下MSS的最佳垂直分辨率为10 m。

表2-9 垂直网格分辨率敏感性分析的统计指标汇总表

方向	垂直分辨率/m	MG	VG	FB	NMSE	FAC2	FAC5
E	5	0.38	7.07	−0.57	0.79	0.38	0.78
	10	0.90	3.05	−0.32	0.30	0.52	0.88
	20	0.47	3.71	−0.67	0.96	0.42	0.88
	30	0.44	4.37	−0.64	0.81	0.40	0.83
	50	0.52	3.71	−0.25	0.39	0.48	0.86
NE	5	0.27	112.08	−0.35	2.71	0.27	0.57
	10	0.59	15.51	0.01	2.00	0.37	0.71
	20	0.36	61.08	−0.25	3.73	0.27	0.61
	30	0.33	39.09	−0.26	3.90	0.30	0.62
	50	0.38	39.00	0.06	3.35	0.34	0.58

2.5 小结

在本章研究中,MSS模型在具有复杂地形和高密度建筑分布的核电厂址扩散场景中得到了系统性验证。为了支持该验证,本研究收集了具有以上两个特征的典型中国核电厂址的风洞实验数据,将MSS模拟预测的三维风场和浓度场与二维水平面和代表性点位垂向分布的风洞测量值进行比较。比较结果进行了定性和定量评估。本研究还针对释放粒子数、湍流强度下限以及水平分辨率和垂直分辨率开展敏感性分析。研究结果表明,MSS预测的地面风场和浓度场与高密度建筑区和山区的测量值较为一致,风和浓度的垂直分布预测显示出一致的趋势,但具体表现受到测量位置的影响。敏感性分析表明,每个时间步释放10 000个粒子时,MSS能在计算精度和速度之间实现良好的平衡。湍流强度下限的默认值可能会导致湍流引起的混合不足和烟羽变窄,因此在该模型中应增加该值以使污染物扩散结果匹配风洞实验观测结果。过于精细的水平分辨率和垂直分辨率都会在地形急剧变化的位置形成异常高浓度区。降低分辨率可以消除此类异常现象,但过低的分辨率会逐渐导致烟羽细节损失。因此在类似的场景中,推荐设置MSS的水平分辨率为100 m,垂直分辨率为10 m。通过参数优化设置,MSS在此核电厂址上具有令人较为满意的性能。

第 3 章　同步源项预测和模型偏差校正的联合估计方法

3.1　引　　论

源项反演方法通常通过放射性核素扩散模型和环境监测数据来预测源项。第 2 章的内容表明，即使扩散模型详细地考虑了真实场景的多方面影响，模拟预测仍存在一定的偏差。实际上，扩散模型的模拟预测无法避免，并且具有算例特异性。这将导致源项反演的不确定性，并且此不确定性将随着"源项反演-大气扩散-辐射后果"的评估链传递下去，导致最终辐射评估的误差。目前国际上针对模型偏差提出了多种方法，但都无法全面考虑模型偏差对源项反演的影响。因此，本章提出一种同步源项预测和模型偏差校正的联合估计方法。该方法通过引入系数校正矩阵，来代表模型偏差随机性和确定性的组合效果，全面校正模型偏差。由于该方法对算例和扩散模型没有限制，完全由数据驱动，适用于各种扩散模型和算例。此外，基于两个风洞实验，本研究将联合估计方法与传统方法的性能进行了比较，还分析了所提出方法对测量的位置、数量和质量的敏感性，以及对不同中心估计方法的可扩展性。

3.2　基本原理

3.2.1　传统源项反演方法

传统源项反演框架中，环境测量数据和待反演源项的关系可以用以下公式描述：

$$\boldsymbol{\mu} = \boldsymbol{H}\boldsymbol{\sigma} + \boldsymbol{\varepsilon} \tag{3-1}$$

其中，$\boldsymbol{\mu} = [\mu_1, \mu_2, \cdots, \mu_m]^{\mathrm{T}} \in \boldsymbol{R}^m$ 是一个包含 m 个测量值的向量。$\boldsymbol{\sigma} \in \boldsymbol{R}^N$ 是需要计算得到的，包含 N 个时间步的源项。$\boldsymbol{H} \in \boldsymbol{R}^{m \times N}$ 是一个扩散

矩阵，可以被整理成 $\boldsymbol{H}=[\boldsymbol{H}_1,\boldsymbol{H}_2,\cdots,\boldsymbol{H}_m]^{\mathrm{T}}$，每一行表示了一个测点对于释放率$\boldsymbol{\sigma}$的敏感性。$\boldsymbol{\varepsilon}\in\boldsymbol{R}^m$ 是一个误差向量。

假设源项服从高斯分布：

$$\boldsymbol{\sigma}\sim N(\boldsymbol{\sigma}_{\text{prior}},\boldsymbol{P}) \tag{3-2}$$

其中，$\boldsymbol{\sigma}_{\text{prior}}$是一个先验源项，$\boldsymbol{P}$ 是先验误差的协方差矩阵。可以用如下公式表达：

$$\boldsymbol{\sigma}=\boldsymbol{\sigma}_{\text{prior}}+\boldsymbol{\varepsilon}_{\text{prior}} \tag{3-3}$$

$$\boldsymbol{P}=\mathrm{E}(\boldsymbol{\varepsilon}_{\text{prior}}\boldsymbol{\varepsilon}_{\text{prior}}^{\mathrm{T}}) \tag{3-4}$$

其中，$\boldsymbol{\varepsilon}_{\text{prior}}$是先验源项$\boldsymbol{\sigma}_{\text{prior}}$对待求源项$\boldsymbol{\sigma}$的先验误差，E()为数学期望计算表达式。

假设源项为$\boldsymbol{\sigma}$时，测量值 μ_i 同样服从高斯分布，其均值为大气扩散模拟值，可用如下公式表达：

$$\boldsymbol{\mu}\mid\boldsymbol{\sigma}\sim N(\boldsymbol{H\sigma},\boldsymbol{R}) \tag{3-5}$$

其中，$\boldsymbol{R}$ 是测量误差的协方差矩阵。此处的 $\boldsymbol{R}$ 代表的是 $\boldsymbol{H\sigma}$ 和$\boldsymbol{\mu}$之间的差别，而非单指测量仪器存在的偏差。$\boldsymbol{R}$ 可用如下公式表达：

$$\boldsymbol{R}=\mathrm{E}(\boldsymbol{\varepsilon\varepsilon}^{\mathrm{T}}) \tag{3-6}$$

那么，$\boldsymbol{\sigma}$ 和$\boldsymbol{\mu}\mid\boldsymbol{\sigma}$ 的高斯分布概率密度函数为

$$p(\boldsymbol{\sigma})\propto\exp\left(-\frac{1}{2}\parallel\boldsymbol{\sigma}-\boldsymbol{\sigma}_{\text{prior}}\parallel^2\boldsymbol{P}^{-1}\right) \tag{3-7}$$

$$p(\boldsymbol{\mu}\mid\boldsymbol{\sigma})\propto\exp\left(-\frac{1}{2}\parallel\boldsymbol{y}-\boldsymbol{H\sigma}\parallel^2\boldsymbol{R}^{-1}\right) \tag{3-8}$$

其中，$\parallel\cdot\parallel^2$ 为 2-范数，$p(\boldsymbol{\sigma})$为源项的先验概率分布。根据贝叶斯概率公式：

$$p(\boldsymbol{\sigma}\mid\boldsymbol{\mu})=\frac{p(\boldsymbol{\mu}\mid\boldsymbol{\sigma})p(\boldsymbol{\sigma})}{\sum_i p(\boldsymbol{\mu}\mid\boldsymbol{\sigma}_i)p(\boldsymbol{\sigma}_i)}=\frac{p(\boldsymbol{\mu}\mid\boldsymbol{\sigma})p(\boldsymbol{\sigma})}{p(\boldsymbol{\mu})} \tag{3-9}$$

当测量情形一定时，$p(\boldsymbol{\mu})$是一定的。因此后验概率 $p(\boldsymbol{\sigma}\mid\boldsymbol{\mu})$的概率密度函数如下所示：

$$p(\boldsymbol{\sigma}\mid\boldsymbol{\mu})\propto\exp\left(-\frac{1}{2}\parallel\boldsymbol{y}-\boldsymbol{H\sigma}\parallel^2\boldsymbol{R}^{-1}-\frac{1}{2}\parallel\boldsymbol{\sigma}-\boldsymbol{\sigma}_{\text{prior}}\parallel^2\boldsymbol{P}^{-1}\right) \tag{3-10}$$

当后验概率 $p(\boldsymbol{\sigma}\mid\boldsymbol{\mu})$极大，即下式的代价函数最小时，所求$\boldsymbol{\sigma}$ 为统计最优解。

$$J(\boldsymbol{\sigma})=\frac{1}{2}(\boldsymbol{\mu}-\boldsymbol{H}\boldsymbol{\sigma})^{\mathrm{T}}\boldsymbol{R}^{-1}(\boldsymbol{\mu}-\boldsymbol{H}\boldsymbol{\sigma})+\frac{1}{2}(\boldsymbol{\sigma}-\boldsymbol{\sigma}_{\text{prior}})^{\mathrm{T}}\boldsymbol{P}^{-1}(\boldsymbol{\sigma}-\boldsymbol{\sigma}_{\text{prior}}) \tag{3-11}$$

在最小二乘法求解过程中，通常因为矩阵 $\boldsymbol{H}$ 是病态的，而引入 Tikhonov 正则化参数来加强求解的数值稳定性。传统方法可采用拟牛顿法中广泛使用的 LBFGS 法来求解。在之前的研究中[129-131]，协方差矩阵 $\boldsymbol{R}$ 被参数化描述以减小源项反演的统计误差。然而，即使使用高级参数化[129]，$\boldsymbol{R}$ 也不能描述放射性核素扩散模型的确定性偏差，而这个偏差影响着扩散矩阵 $\boldsymbol{H}$ 和最终估计源项。

3.2.2 同步源项预测和模型偏差校正的联合估计方法

鉴于不可避免的模型偏差，本研究通过引入对角校正系数矩阵 $\boldsymbol{W}\in\boldsymbol{R}^{m\times m}$ 来校正每次测量的模型偏差并反演源项：

$$\boldsymbol{\mu}=\boldsymbol{W}\boldsymbol{H}\boldsymbol{\sigma}+\boldsymbol{\varepsilon} \tag{3-12}$$

其中，$\boldsymbol{W}$ 的对角线元素 $w_i(i=1,2,\cdots,m)$ 减少了模型预测 $\boldsymbol{H}_i\boldsymbol{\sigma}$ 和对应测量 μ_i 的偏差。w_i 可以看作 μ_i 和 $\boldsymbol{H}_i\boldsymbol{\sigma}$ 的比例，也代表了所有从模型预测 $\boldsymbol{H}_i\boldsymbol{\sigma}$ 到测量 μ_i 偏差的联合效应。上述 $\boldsymbol{W}$ 的引入完善了源项反演的计算公式。

由式(3-12)可以看出，本研究所引入的 $\boldsymbol{W}$ 并不依赖特定的扩散模型或事故情景，仅依据测量数据去联合求解 $\boldsymbol{W}$ 和 $\boldsymbol{\sigma}$。因此，此方法是由数据驱动的通用型方法，适用于不同的扩散模型和事故情景。

已知式(3-11)可通过交替最小化算法求解。这种方法在待解决的两个变量之间交替进行，已被广泛应用于图像盲反卷积的研究当中[159-160]，并且已知是收敛的[26]。但是，该算法仅适用于当公式仅有一个未知的向量变量时，而式(3-12)有一个未知的矩阵变量，这导致式(3-12)无法直接通过交替最小化算法来求解。为了解决上述问题，本研究根据矩阵乘法的性质，改写式(3-12)，将校正系数矩阵 $\boldsymbol{W}$ 替换为包含对角元素的向量形式 $\tilde{\boldsymbol{w}}$：

$$\boldsymbol{\mu}=\boldsymbol{W}(\boldsymbol{H}\boldsymbol{\sigma})+\boldsymbol{\varepsilon}=\begin{bmatrix} w_1 & & & \\ & w_2 & & \\ & & \ddots & \\ & & & w_m \end{bmatrix}\begin{bmatrix} \boldsymbol{H}_1 \\ \boldsymbol{H}_2 \\ \vdots \\ \boldsymbol{H}_m \end{bmatrix}\boldsymbol{\sigma}+\boldsymbol{\varepsilon}$$

$$
=\begin{bmatrix} w_1 & & & \\ & w_2 & & \\ & & \ddots & \\ & & & w_m \end{bmatrix}\begin{bmatrix} \boldsymbol{H}_1\boldsymbol{\sigma} \\ \boldsymbol{H}_2\boldsymbol{\sigma} \\ \vdots \\ \boldsymbol{H}_m\boldsymbol{\sigma} \end{bmatrix}+\boldsymbol{\varepsilon} \tag{3-13}
$$

由于 w_i 和 $\boldsymbol{H}_i\boldsymbol{\sigma}$ $(i=1,2,\cdots,m)$是标量，式(3-13)最右边的矩阵和向量的乘法是逐元素的乘法，可以被重写为

$$
\boldsymbol{\mu}=\begin{bmatrix} \boldsymbol{H}_1\boldsymbol{\sigma} & & & \\ & \boldsymbol{H}_2\boldsymbol{\sigma} & & \\ & & \ddots & \\ & & & \boldsymbol{H}_m\boldsymbol{\sigma} \end{bmatrix}\begin{bmatrix} w_1 \\ w_2 \\ \vdots \\ w_m \end{bmatrix}+\boldsymbol{\varepsilon}=\widetilde{\boldsymbol{H}}\tilde{\boldsymbol{w}}+\boldsymbol{\varepsilon} \tag{3-14}
$$

其中，$\widetilde{\boldsymbol{H}}=\mathrm{Diag}(\boldsymbol{H}_i\boldsymbol{\sigma})$，$i=1,2,\cdots,m$ 是一个对角矩阵，$\boldsymbol{H}_i\boldsymbol{\sigma}$ 是其对角元素。

交替最小化算法可以迭代执行以下两步来分别求解$\boldsymbol{\sigma}$ 和 $\tilde{\boldsymbol{w}}$：

$\boldsymbol{\sigma}$-步骤：

$$
\mathrm{J}(\boldsymbol{\sigma})=\frac{1}{2}(\boldsymbol{\mu}-\boldsymbol{WH\sigma})^{\mathrm{T}}\boldsymbol{R}^{-1}(\boldsymbol{\mu}-\boldsymbol{WH\sigma})+\frac{1}{2}(\boldsymbol{\sigma}-\boldsymbol{\sigma}_{\mathrm{prior}})^{\mathrm{T}}\boldsymbol{P}_{\boldsymbol{\sigma}}^{-1}(\boldsymbol{\sigma}-\boldsymbol{\sigma}_{\mathrm{prior}}) \tag{3-15}
$$

$\tilde{\boldsymbol{w}}$-步骤：

$$
\mathrm{J}(\tilde{\boldsymbol{w}})=\frac{1}{2}(\boldsymbol{\mu}-\widetilde{\boldsymbol{H}}\tilde{\boldsymbol{w}})^{\mathrm{T}}\boldsymbol{R}^{-1}(\boldsymbol{\mu}-\widetilde{\boldsymbol{H}}\tilde{\boldsymbol{w}})+\frac{1}{2}(\tilde{\boldsymbol{w}}-\tilde{\boldsymbol{w}}_{\mathrm{prior}})^{\mathrm{T}}\boldsymbol{P}_{\tilde{\boldsymbol{w}}}^{-1}(\tilde{\boldsymbol{w}}-\tilde{\boldsymbol{w}}_{\mathrm{prior}}) \tag{3-16}
$$

其中，$\tilde{\boldsymbol{w}}_{\mathrm{prior}}$ 是 $\tilde{\boldsymbol{w}}$ 的先验值，而 $\boldsymbol{P}_{\tilde{\boldsymbol{w}}}$ 是相对应的协方差矩阵。然而，在实际计算当中，很难获得可信赖的源项先验值，因此先验值$\boldsymbol{\sigma}_{\mathrm{prior}}$被设成 $0\boldsymbol{I}$，$\tilde{\boldsymbol{w}}_{\mathrm{prior}}$被设成 $1\boldsymbol{I}$。

由于 $\boldsymbol{H}_i\boldsymbol{\sigma}$ 和 μ_i 都是非负的，所以 $\tilde{\boldsymbol{w}}$ 也是非负的。所以，非负最小二乘(nonnegative least-squares，NNLS)算法[161]被用于求解式(3-14)。从统计角度来看，对于合格的扩散模型，$\tilde{\boldsymbol{w}}$ 中元素的中心应相对接近 1。因此，将式(3-14)给出的 $\tilde{\boldsymbol{w}}$ 的中心估计值归一化，以确保 $\tilde{\boldsymbol{w}}$ 的中心接近 1。由于 $\tilde{\boldsymbol{w}}$ 可能会在很宽的范围内变化，因此在估计中心时必须排除极值。本研究使用了对异常值具有鲁棒性的最小化协方差矩阵行列式(minimum covariance determinant，MCD)方法[162]来进行中心估计。MCD 基本特征为寻找 n 个点，使这 n 个点到中心的距离最小，其中一般 $0.75m<n<m$，而将 $m-n$ 个点排除在外。

表 3-1 总结了交替最小化算法的流程。迭代一直持续到两个连续迭代之间的 $\tilde{w}$ 相对变化小于设定值($\mathrm{Tol}=10^{-5}$)。至于三个协方差矩阵 $\boldsymbol{R}$，$\boldsymbol{P}_{\boldsymbol{\sigma}}$ 和 $\boldsymbol{P}_{\tilde{w}}$，与大多数研究一样，使用简单的不相关统计模型[16,29]。此时，$\boldsymbol{R}=r^2\boldsymbol{I}$，$\boldsymbol{P}_{\boldsymbol{\sigma}}=p^2\boldsymbol{I}$，$\boldsymbol{P}_{\tilde{w}}=q^2\boldsymbol{I}$。为简单起见，假定 $p=q$，即式(3-15)和式(3-16)使用相同的正则化参数。

表 3-1　交替最小化算法求解 $\boldsymbol{\sigma}$ 和 $\tilde{w}$ 的流程表

设定初始值：$\boldsymbol{\sigma}^0=0\boldsymbol{I}$，$\tilde{\boldsymbol{w}}^0=1\boldsymbol{I}$

进行迭代 $k=1,2,\cdots$ 直到 $\|\tilde{\boldsymbol{w}}^k-\tilde{\boldsymbol{w}}^{k-1}\|_2/\|\tilde{\boldsymbol{w}}^{k-1}\|_2<\mathrm{Tol}$

从对角元素 $\boldsymbol{W}^{k-1}$ 构成 $\boldsymbol{W}^{k-1}=\mathrm{Diag}(\tilde{\boldsymbol{w}}^{k-1})$：

　　$\boldsymbol{\sigma}$-步骤：

　　　　已知 $\boldsymbol{W}^{k-1}$ 求解式(3-15)中的 $\boldsymbol{\sigma}^k$

　　　　从对角元素 $\widetilde{\boldsymbol{H}}^k$ 构成 $\widetilde{\boldsymbol{H}}^k=\mathrm{Diag}(\boldsymbol{H}_i\boldsymbol{\sigma}^k)$，$i=1,2,\cdots,m$

　　$\tilde{w}$-步骤：

　　　　已知 $\widetilde{\boldsymbol{H}}^k$，使用 NNLS 求解式(3-16)中的 $\tilde{\boldsymbol{w}}^k$

　　　　计算 $\tilde{\boldsymbol{w}}^k$ 的中心值：$c^k=\mathrm{MCD}(\tilde{\boldsymbol{w}}^k)$

　　　　归一化 $\tilde{\boldsymbol{w}}^k$：$\tilde{\boldsymbol{w}}^k=\tilde{\boldsymbol{w}}^k/c^k$

3.2.3　风洞实验

本研究选取风洞实验中两个风向上的实验数据，来验证联合估计方法的有效性。本章选取的风洞实验数据和第 2 章一致。可知该实验厂址具有高度异质的地形和密集的建筑布局。两个实验分别在 1∶2000 模型中沿 E 和 NE 风向进行(图 3.1(a)，(b)和(c))，分别在两个方向上进行了 333 次和 331 次表面浓度的测量(图 3.1(d)和(e))。本章研究中，所有测量浓度的相对弥散因子(浓度除以释放速率，$\mathrm{s/m^3}$)线性缩放至 10^6 MBq/s 释放速率的比活度测量值。

3.2.4　放射性核素扩散矩阵的计算

本研究使用 SWIFT-RIMPUFF 模型进行大气扩散模拟，计算单位释放速率为 1 MBq/s 时各测量点位的浓度。整个模拟计算域为 15 km×15 km，网格大小为 0.1 km。SWIFT 进行风场预测时，输入数据包括真实核电站点附近测量的年度平均风速和风廓线以及三维的厂址建筑数据。

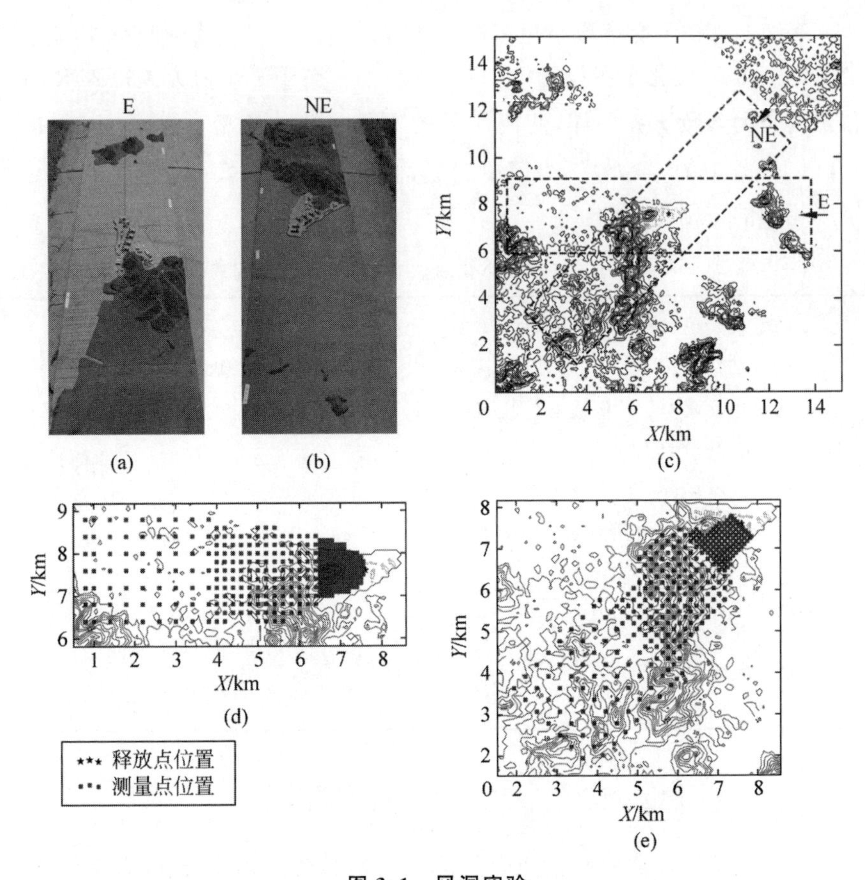

图 3.1　风洞实验

(a) E 的 1∶2000 模型；(b) NE 的 1∶2000 模型；(c) 高度异质的站点地形；
(d) E 风向实验的测量站点分布；(e) NE 风向实验的测量站点分布

RIMPUFF 进行大气扩散预测时，使用了 Karlsruhe-Julich 扩散系数，大气稳定度与风洞实验设置保持一致，为 D。烟团的释放间隔为 30 s，这是 RIMPUFF 中可以设置的最小烟团释放间隔。对于一次计算，从第 2 个小时开始便获得了预测浓度，但是整个释放过程持续了 4 h，以确保模拟达到风洞实验中的稳定状态。浓度预测值被用来构造传输矩阵 $\boldsymbol{H}$。

3.2.5　验证算例设计

(1) 全部测量验证

全部的浓度测量数据(即所有测量值)都被用于反演和验证[116]。通过此设置，可以评估所有测量的模型校正效果。但是，在反演和验证之间失去了一些独立性。

（2）独立验证

使用不同的数据集进行反演和验证。具体设置为：随机选择20%的测量值进行反演，其余80%的测量值进行验证（图3.2(a)和(c)），从而确保反演和验证相互独立。

3.2.6　敏感性分析

（1）测量位置的敏感性

根据每个方向与释放位置的距离将整个测量网络划分为4个区域（图3.2(b)和(d)），仅使用每个区域中的测量值估算释放速率。

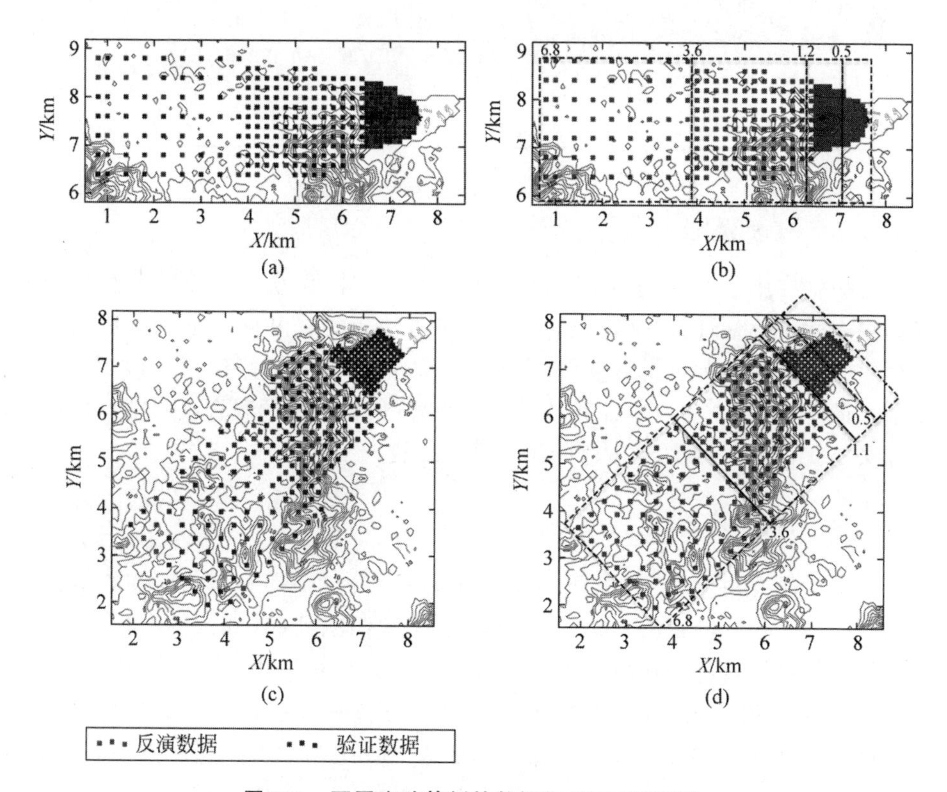

图3.2　不同实验算例的数据集（见文前彩图）

(a)，(c) 独立验证实验数据集（反演：红，验证：蓝）；

(b)，(d) 测量位置敏感性分析的分区设置

(2) 测量数量和质量的敏感性

测量数量的敏感性分析进行了一系列的蒙特卡罗测试,其中涉及反演的测量数量为总数量的10%~100%。而对于测量质量的敏感性分析,每次实验从数据中随机选择固定数量的数据,重复操作100次,以覆盖尽可能多的质量范围。根据选取的数据估算释放速率,并进行误差统计和敏感性分析。

在所有的验证和敏感性测试中,释放率均使用式(3-11)中的传统方法和所提出的联合估计方法进行估算。在本研究中,两种方法均使用广义交叉验证(generalized cross validation,GCV)自动选择的固定正则化参数(表3-2)。

表3-2　GCV自动选择的正则化参数

风向	全测量验证	独立验证	测量位置敏感性实验			
			0~0.5 km	0.5~1.1 km(E) 0.5~1.2 km(NE)	0.5~1.1 km(E) 0.5~1.2 km(NE)	3.6~6.8 km
E	7.07	1.65	95.7	4.0×10^{-4}	0.12	7.71×10^{-5}
NE	4.80	2.25	5.55	3.29	1.06	1.64×10^{-4}

3.2.7　可扩展性

尽管在本研究中将MCD方法用于中心估计,但是所提出的方法并不局限于此中心估计方法,其他的中心估计方法也同样和联合估计方法相兼容。为了证明这种可扩展性,将中位数中心估计方法合并到联合估计方法中。最终,使用全测量验证和独立验证的数据,将所得的联合(中位数)估计方法与联合(MCD)估计方法的结果进行比较。

3.2.8　评估方法

本章研究对比了预测源项和真实值(10^6 MBq/s)的时间曲线和相对误差$\|\hat{\boldsymbol{\sigma}}-\boldsymbol{\sigma}_{\text{true}}\|_2/\|\boldsymbol{\sigma}_{\text{true}}\|_2$。本书还将基于预测源项的扩散结果与真实释放的测量结果进行了比较。本研究考虑使用几种统计指标来量化比对,包括分数偏差FB、归一化均方误差NMSE、皮尔逊相关系数PCC以及预测在测量值2倍以内和5倍以内的比例FAC2和FAC5[158]。理想模型的FB和NMSE的值为0,而PCC,FAC2和FAC5的值为1。

对于联合估计方法,针对所有测量值i,模型校正系数使用真实的模型偏差e_i来验证,其计算公式如下:

$$e_i = \frac{\mu_i}{\boldsymbol{H}_i \boldsymbol{\sigma}_{\text{true}}} \tag{3-17}$$

其中，$\boldsymbol{\sigma}_{\text{true}}$是真实源项释放率。如果联合估计方法预测的源项收敛于真实源项$\boldsymbol{\sigma}_{\text{true}}$，模型校正系数 w_i 也会收敛于 e_i。因此 e_i 是 w_i 的真实值，据此计算几何平均偏差 MG[158] 和 PCC 进行定量评估。

图 3.3 展示了由式(3-17)计算的所有测量点位的模型偏差。可以看出，模型偏差具有空间变化性和算例敏感性，说明了减少现实中模型偏差的难度(即使使用精细复杂模型)，以及在源项反演中进行模型偏差校正的必要性。此外，深红和深蓝颜色的点大多数出现在烟羽的边缘，说明此模型对于烟羽边缘的预测存在较大的偏差。

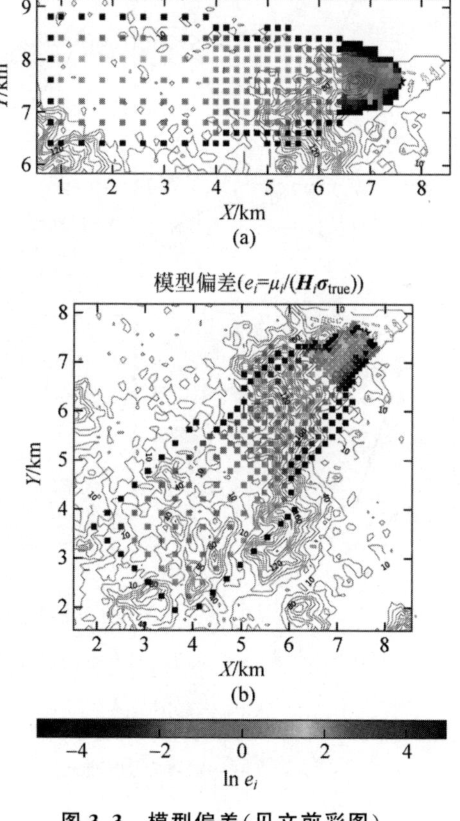

图 3.3　模型偏差(见文前彩图)

(a) E 方向；(b) NE 方向

3.3 结果与讨论

3.3.1 全测量验证

图 3.4 展示了联合估计方法的收敛结果。对于两个风向的实验,校正系数和释放率的代价函数在几次迭代中迅速下降,很快达到稳态。E 风向在 7 次迭代后,NE 风向在 5 次迭代后,联合估计方法满足停止条件。

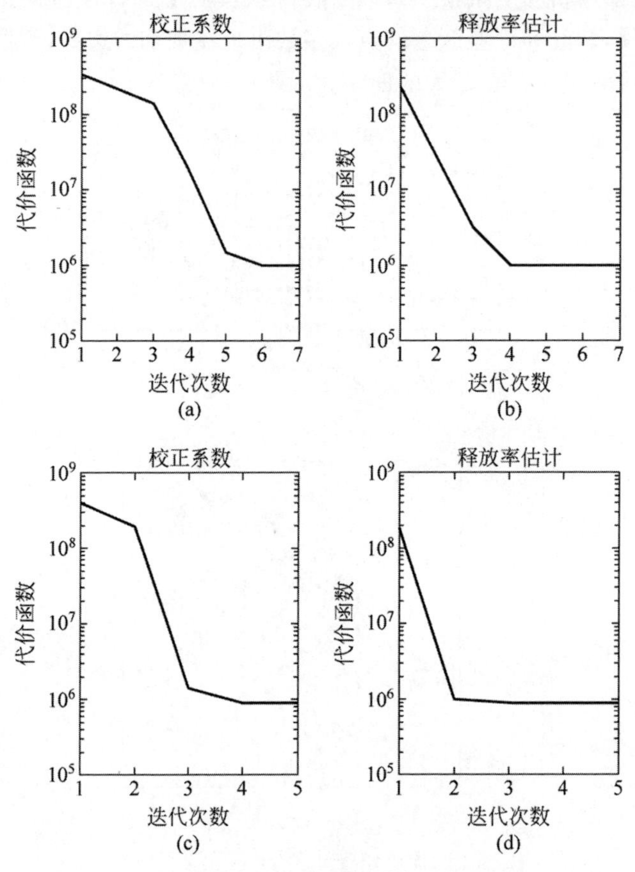

图 3.4 两个风向实验中联合估计方法的收敛性

(a),(b) E 方向;(c),(d) NE 方向

图 3.5 显示了 E 风向联合估计方法的中间结果。最初,模型校正系数与模型偏差完全不相关,在稳定状态下,释放率估计显示出较大的振荡,并

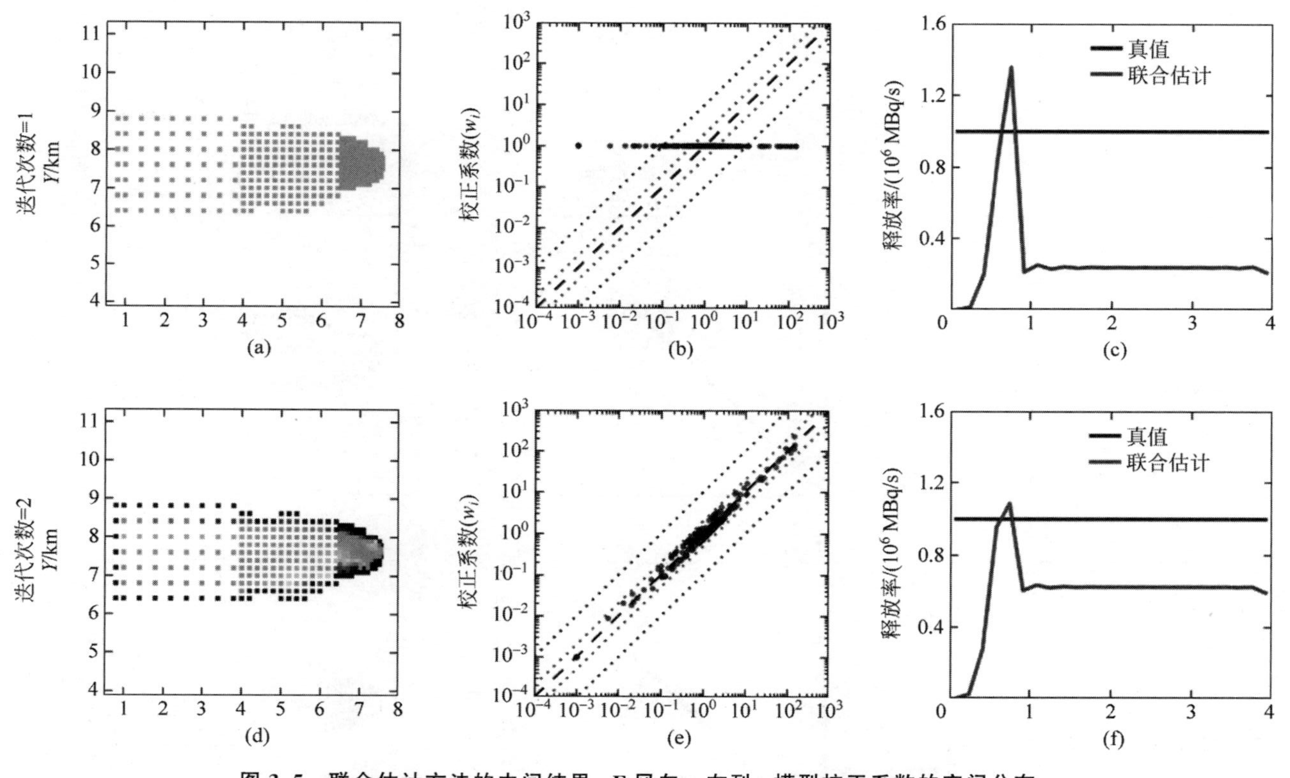

图 3.5　联合估计方法的中间结果：E 风向。左列：模型校正系数的空间分布；中间列：模型校正系数和真实模型偏差的散点图；右列：源项估计结果(见文前彩图)

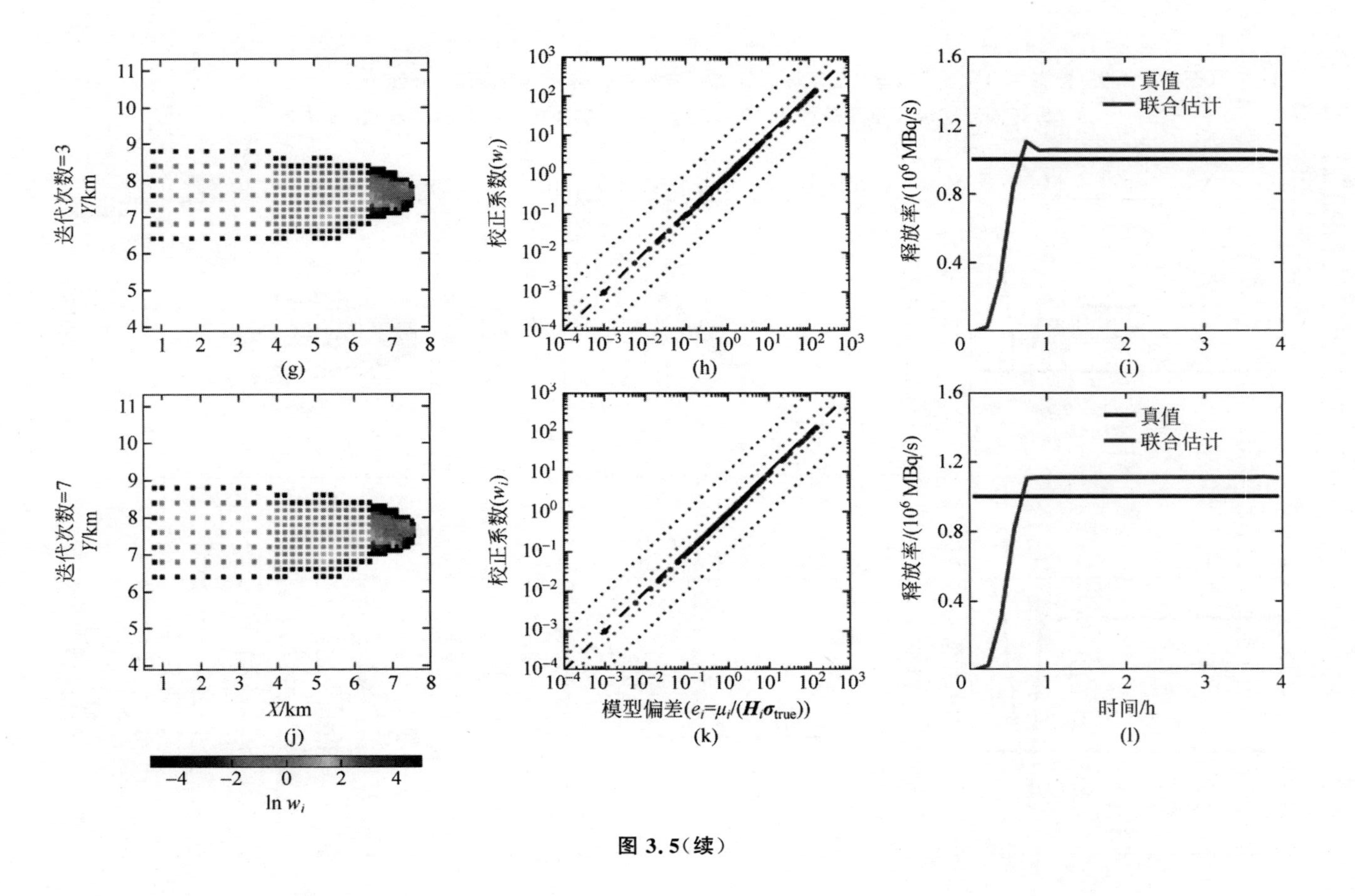
迭代次数=3
迭代次数=7
Y/km
X/km
(g)
(j)
ln w_i
校正系数(w_i)
模型偏差($e_i=\mu_i/(\boldsymbol{H}_i\boldsymbol{\sigma}_{\text{true}})$)
(h)
(k)
释放率/(10^6 MBq/s)
真值
联合估计
时间/h
(i)
(l)

图 3.5（续）

有 70%的低估(图 3.5(a)～(c))。在第二次迭代之后，就空间分布(图 3.5(d))和相关性(图 3.5(e))而言，校正系数与图 3.3(a)中的模型偏差具有更好的一致性。尽管也出现了振荡，但估计的释放率在稳态下比上一次迭代结果更接近真实值(图 3.5(f))。在第三次迭代之后，校正系数与模型偏差的相关性有了更大的改善(图 3.5(h))。在稳定状态下，释放率被高估了不到 10%。最后一次迭代之后，校正系数保持稳定，释放率估计没有振荡，但在稳态下仍然有约 10%的高估(图 3.5(j)～(l))。

图 3.6 显示了 NE 风向联合估计的中间结果。与 E 风向一致，初始校正系数与模型偏差不相关，并且在释放速率估计中出现一些振荡(图 3.6(a)～(c))。在第二次迭代之后，校正系数与模型偏差在空间分布和相关性上都匹配得很好，并且释放率估算在稳态下只产生了约 17%的高估(图 3.6(d)～(l))。但是，释放位置附近的校正系数与模型偏差并不匹配(图 3.6(d)中的箭头所示)。释放位置附近模型预测为零，而测量值非零。对于这些测量，模型偏差是无限的。这些问题不能通过联合估计方法解决，应通过改进扩散模型加以纠正。

图 3.7 比较了传统 Tikhonov 方法和联合估计方法给出的源项估算值。对于 E 风向(图 3.7(a))，传统估计显示出较大的振荡，稳态下的偏差是联合估计方法的 7 倍以上。对于 NE 风向(图 3.7(b))，传统估计再次出现振荡，其在稳态下的高估是联合方法的 4 倍以上。由于在开始的第一个小时没有实验测量，因此这两种方法都低估了源项。

图 3.8 对比了不同方法估计的源项扩散结果和实际浓度测量数据。真实源项的扩散结果在 E 和 NE 风向上的浓度预测并不相同，表明模型偏差具有算例敏感性(图 3.8(b)和(g))。在 E 方向上，使用传统 Tikhonov 法估计的源项的浓度预测通常存在低估(图 3.8(c))。但是，对于 NE 方向，使用传统估计的预测比具有真实释放率的预测更好地与释放附近的测量结果相吻合(图 3.8(h))。这是因为传统估计对释放率的高估抵消了该地区 SWIFT-RIMPUFF 的低估。此外，在 SWIFT-RIMPUFF 预测过高的情况下，传统方法的高估也会被夸大，例如，对于羽流宽度的预测(图 3.8(h)中的箭头指示)。而使用联合估计方法，除了局部区域略微有些高估之外，浓度预测都类似于真实源项的浓度预测结果(图 3.8(d)和(i))。同时使用联合估计方法估计的源项和模型校正系数进行浓度预测，预测结果与两个风向的测量数据高度一致，亦重建了许多烟羽细节(图 3.8(e)和(j))。

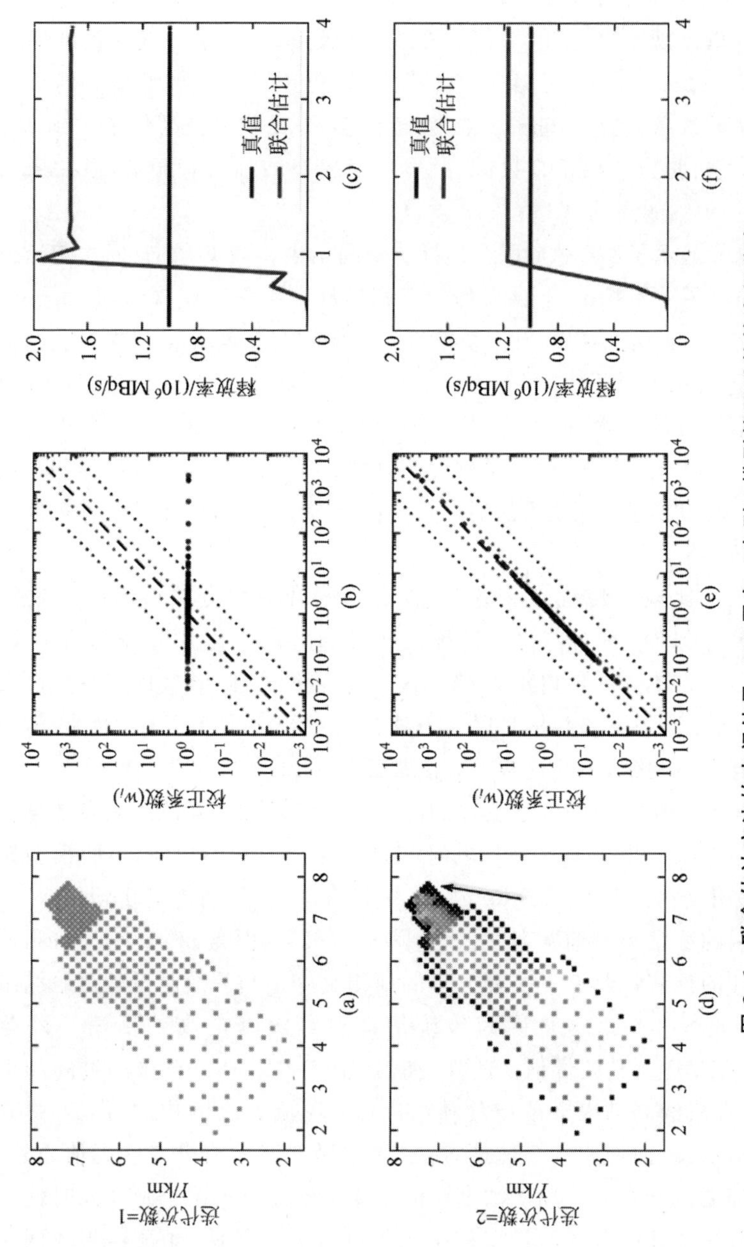

图 3.6 联合估计方法的中间结果：NE 风向。左列：模型校正系数的空间分布；中间列：模型校正系数和真实模型偏差的散点图；右列：源项估计结果（见文前彩图）

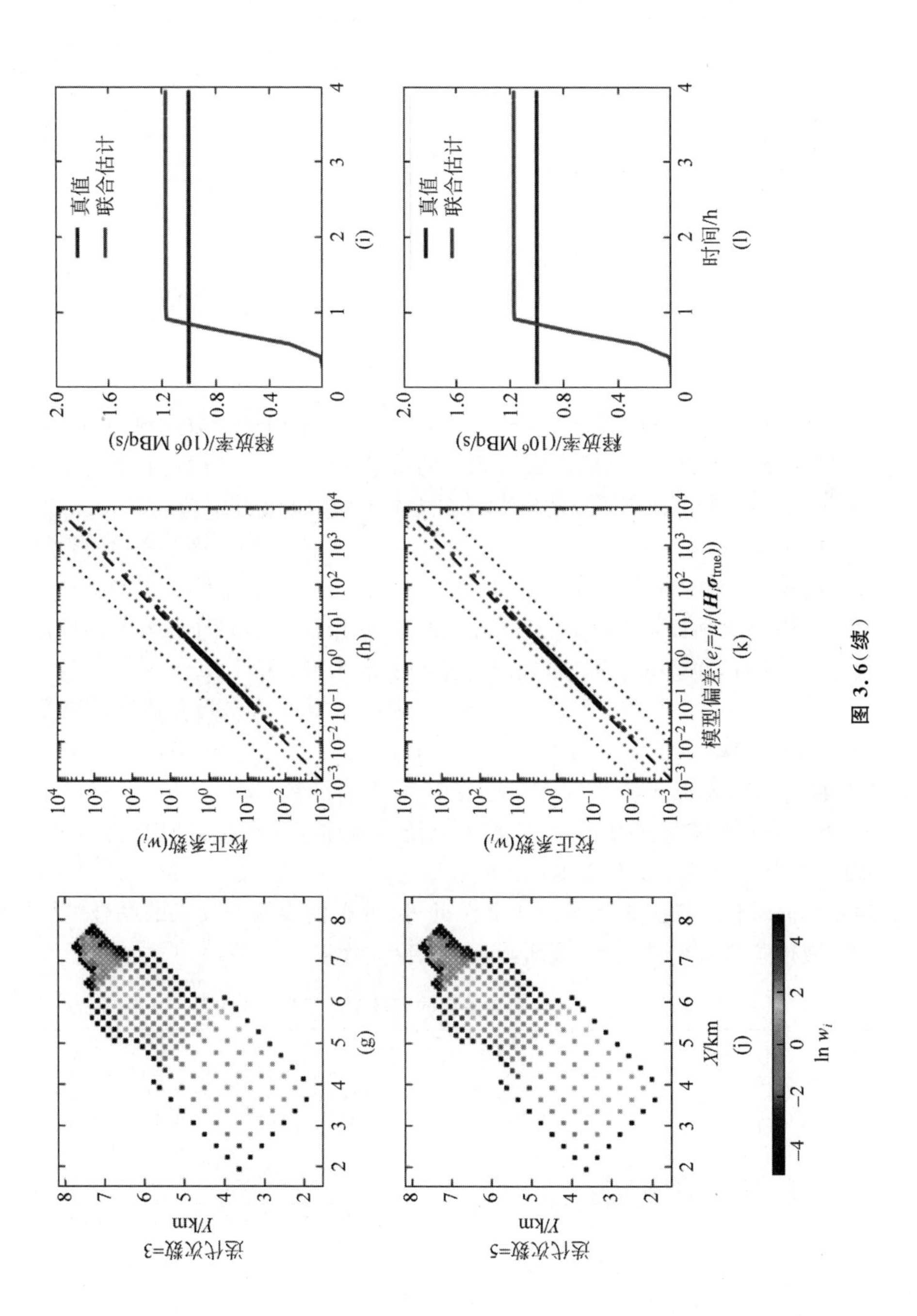
迭代次数=3
Y/km
X/km
(g)
校正系数(w_i)
(h)
释放率/(10^6 MBq/s)
真值
联合估计
(i)
迭代次数=5
(j)
模型偏差($e_i=\mu_i/(\boldsymbol{H}_i\boldsymbol{\sigma}_{\text{true}})$)
(k)
时间/h
(l)
$\ln w_i$

图 3.6（续）

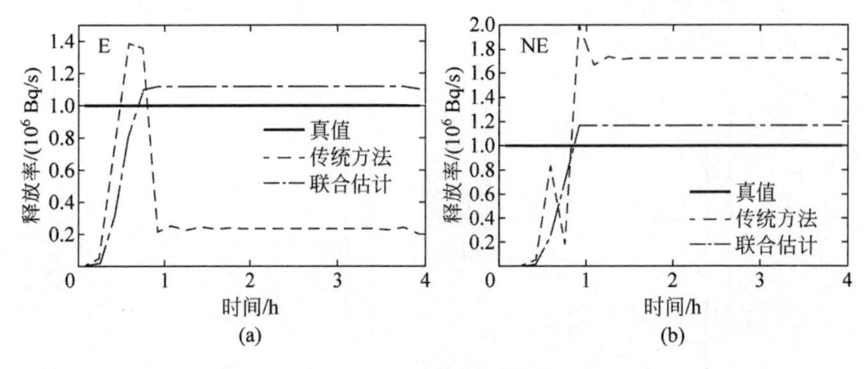

图 3.7 全测量验证的结果

图 3.9 比较了全测量验证中不同源项的浓度预测散点图。对于 E 方向，高测量值区的源项预测被高估，中测量值区的预测被低估，NE 方向的趋势则相反(图 3.9(a)和(e))。使用传统估计源项，E 方向上大多数预测被低估了近 50%，而 NE 方向上则有一定高估(图 3.9(b)和(f))。对于联合估计，两个方向的预测都接近真实释放的预测，在两个方向上具有相似的偏差(图 3.9(c)和(g))。相比之下，使用联合估计方法和模型偏差校正的预测与测量值在两个方向上都具有很好的相关性，并且所有散点都在两倍线以内(图 3.9(d)和(h))。

表 3-3 汇总了全测量预测的定量统计指标。真实值和联合估计的浓度预测指标在两个方向上都是可比的。然而，尽管传统估计并不准确，给出的 NMSE 和 FB 却低于真实值或联合估计方法的结果(图 3.7)。该异常表明，在存在模型偏差的情况下，传统源项反演倾向于折中估计，以抵消扩散矩阵 $\boldsymbol{H}$ 中部分模型偏差来确保预测和测量之间的一致性。为避免此效应，源项反演时校正模型偏差十分重要。此外，带有模型偏差校正的联合估计方法提供了最佳统计指标，表明其具有的巨大优势。

表 3-3 全测量验证的定量统计指标

风向	估计方法	FB	NMSE	PCC	FAC2	FAC5
E	真值	−0.78	39.23	0.75	0.40	0.58
	传统估计	0.60	10.80	0.75	0.11	0.32
	联合估计	−0.87	45.66	0.75	0.40	0.58
	联合估计和模型校正	0.11	0.15	1.00	1.00	1.00
NE	真值	0.49	7.87	0.88	0.38	0.61
	传统估计	−0.04	2.72	0.88	0.43	0.58
	联合估计	0.34	5.59	0.88	0.42	0.61
	联合估计和模型校正	-1.4×10^{-4}	5.0×10^{-6}	1.00	0.97	0.97

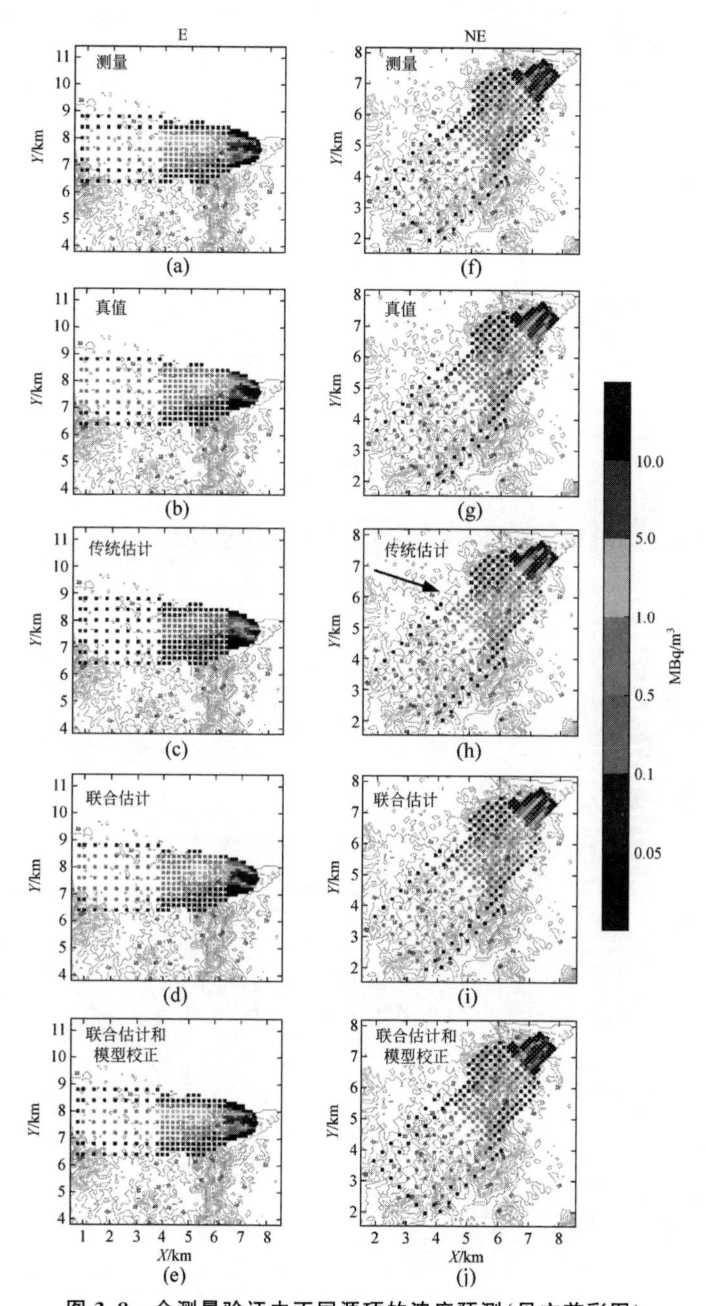

图 3.8　全测量验证中不同源项的浓度预测(见文前彩图)

(a),(f) 测量值；(b),(g) 真实释放率；(c),(h) 传统估计；(d),(i) 联合估计；(e),(j) 联合估计和模型校正

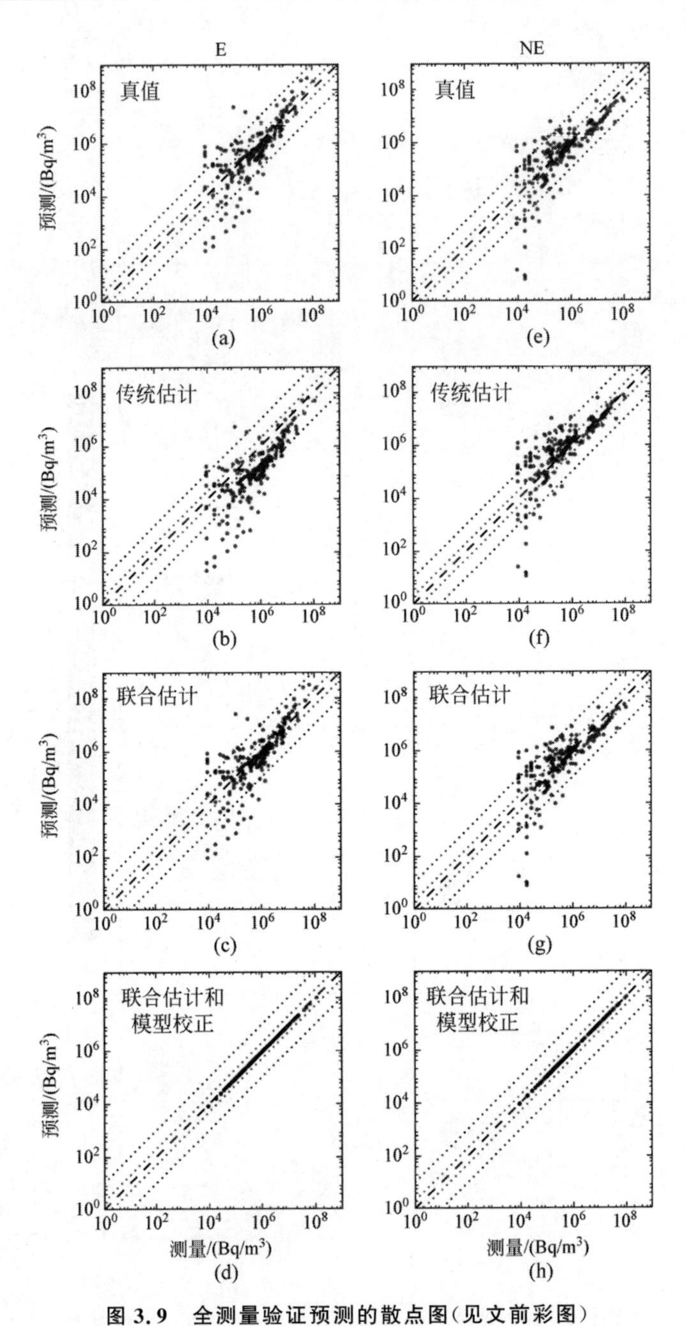

图 3.9 全测量验证预测的散点图(见文前彩图)

(a),(e) 真实源项；(b),(f) Tikhonov 估计；(c),(g) 联合估计；
(d),(j) 联合估计和模型校正

3.3.2 独立验证

图3.10显示了独立验证结果。传统估计在两个风向的稳态下都出现了较大的振荡和低估。相反,联合估计方法没有振荡,并且稳定地收敛到比传统估计更接近真实值的稳态(图3.10(a)和(c))。此外,对于NE方向的估计,独立测量验证结果比通过所有测量数据获得的估计更准确。这表明相比于测量数据的数量,源项反演的精度可能更多取决于测量数据的质量。校正系数除了在E方向上有些轻微的高估(图3.10(b)),在两个方向上与模型偏差高度一致。

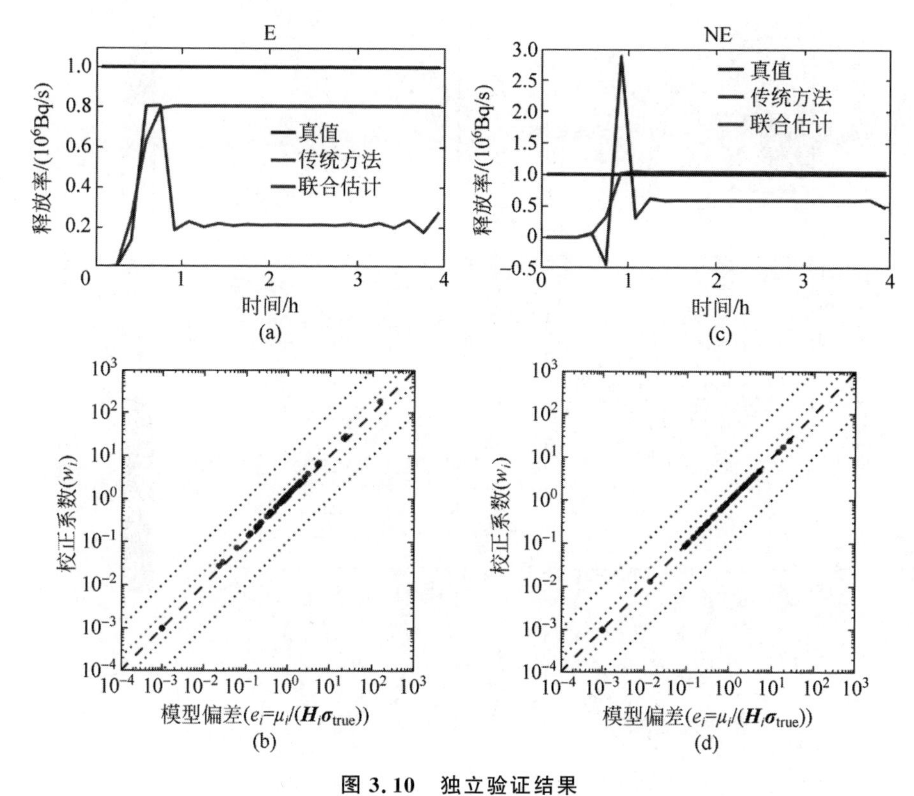

图3.10 独立验证结果

(a),(c) 释放率估计;(b),(d) 校正系数与模型偏差的散点图

将独立验证算例中在验证点位(图3.2(a)和(c))的浓度预测与图3.14中的测量值进行比较。对于真实释放率,图3.11(b)和(f)中的预测分别是图3.8(b)和(g)的一部分。对于传统估计方法,其预测结果给出了两个风

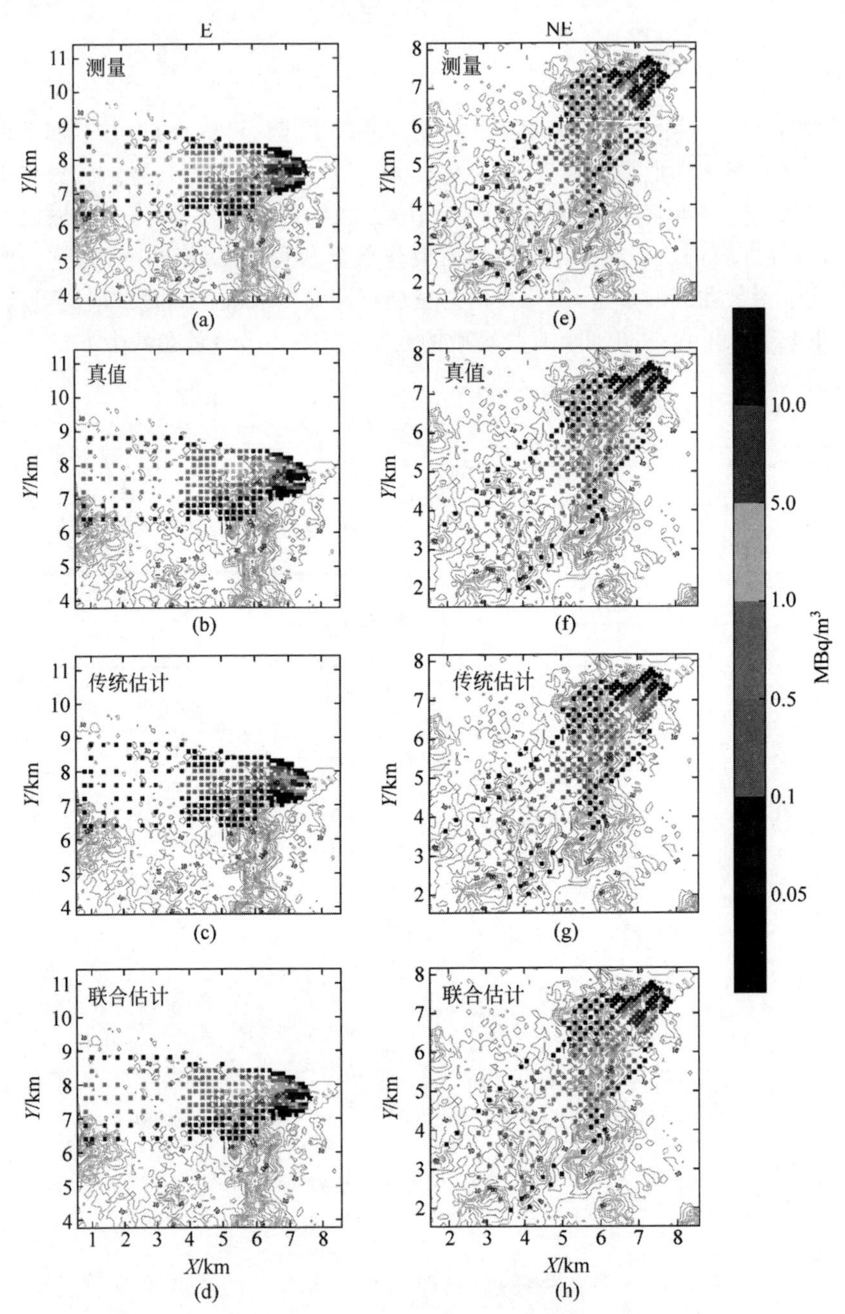

图 3.11 独立验证中不同源项的浓度预测结果(见文前彩图)

(a),(e) 测量值;(b),(f) 真实源项;(c),(g) 传统估计;(d),(h) 联合估计

向的整体性低估(图3.11(c)和(g))。相比之下，从高浓度区(大于5 MBq/m^3)可以显然看出，使用联合估计方法的预测与测量值以及真实源项的预测更加吻合(图3.11(d)和(h))。

图3.12展示了独立验证的浓度预测散点图。真实源项的预测结果散

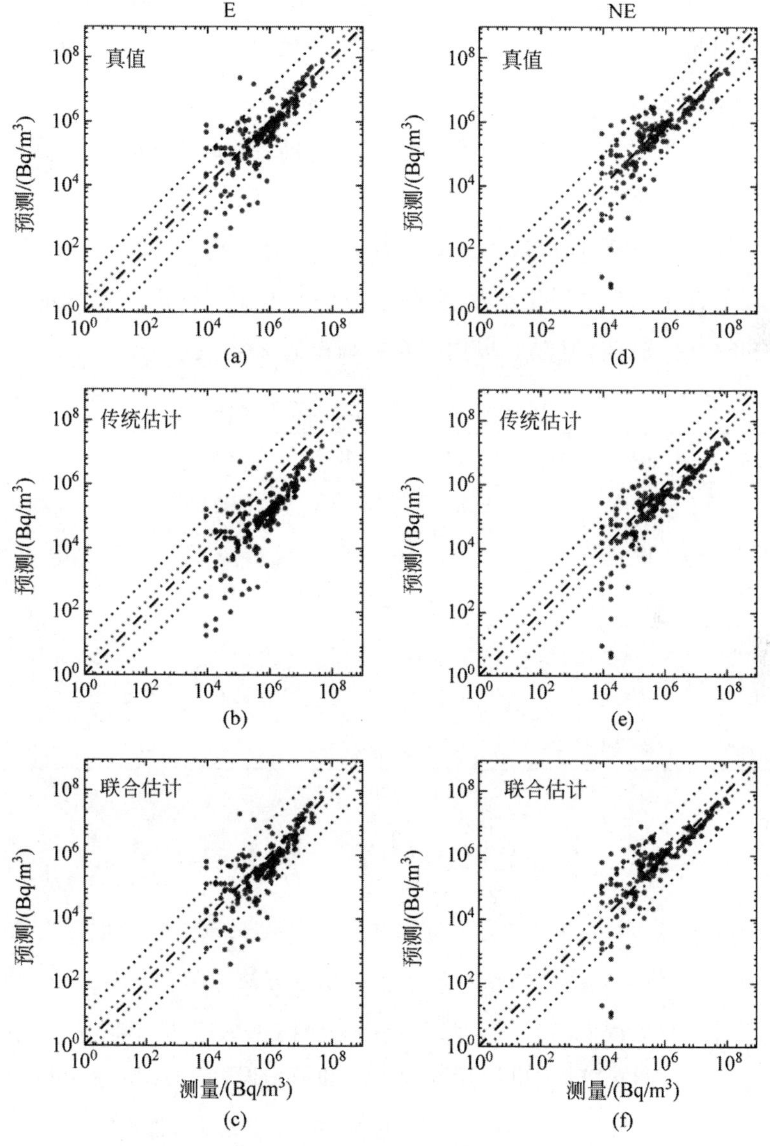

图3.12　独立验证的浓度预测散点图(见文前彩图)

(a),(d) 真实源项；(b),(e) 传统估计；(c),(f) 联合估计

点图(图 3.12(a)和(d))分别是图 3.9(a)和(e)的一部分。传统估计方法所预测的源项经过扩散模型模拟,其浓度预测在两个风向上都表现出不同程度的低估(图 3.12(b)和(e))。可以看出,联合估计方法预测的大多数散点集中于两倍线内,这是传统估计方法无法做到的。对比结果表明,联合估计方法的预测结果在两个风向都比传统估计方法更接近真实源项的预测结果(图 3.12(c)和(f))。

表 3-4 总结了独立验证算例中不同方法得出的源项进行浓度预测的定量指标。由于源项估算值均处于稳定状态,因此三个预测具有相同的 PCC。对于两个风向而言,联合估计方法在所有其他指标上均优于传统方法。而与真实源项结果相比,联合估计方法在两个风向上也都显示出更好的 NMSE 和 FB 值,但在 E 风向上存在稍差的 FAC2。

表 3-4 独立验证的统计定量指标

风向	估计方法	FB	NMSE	PCC	FAC2	FAC5
E	真值	−0.22	3.41	0.88	0.41	0.59
	传统估计	1.16	14.09	0.88	0.08	0.25
	联合估计	−0.01	2.23	0.88	0.34	0.59
NE	真值	0.57	7.97	0.94	0.41	0.62
	传统估计	0.98	21.18	0.94	0.26	0.61
	联合估计	0.29	3.66	0.94	0.47	0.62

3.3.3 测量站点位置的敏感性

图 3.13 展示了使用来自不同区域的测量结果预估的源项。所有八个区域中,联合估计方法的结果相比于传统估计方法的结果基本上没有振荡,并且在稳态时更接近测量值。此外,可以发现,远区(3.8~6.8 km)的测点能让源项收敛得更好,这也许是因为远区的模型误差更小,此现象可为监测点设置提供一定参考。表 3-5 中的相对误差定量地证实了这一点。这些结果表明,联合估计方法相对于传统估计方法有对测量位置不敏感的

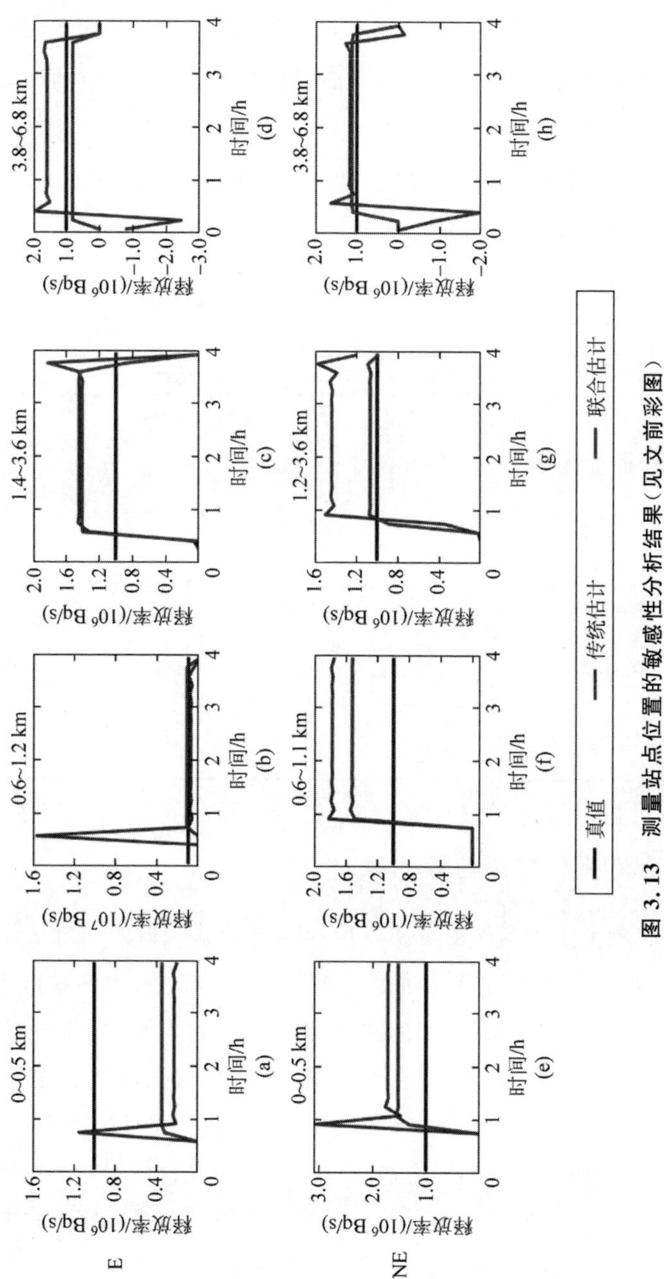

图 3.13　测量站点位置的敏感性分析结果(见文前彩图)

优势。稳定的PCC表示校正系数与模型偏差具有很强的相关性,但是变化的MG揭示了中心估计值在不同区域之间可能具有不同的偏差。因此,联合估计方法在估计校正系数的相对值方面是鲁棒的。对于绝对值,精度取决于中心估计方法的性能。在这项研究中,MCD在验证和位置相关测试中均显示出稳定的性能。在以后的研究工作中,可针对不同的场景,使用更多的自适应统计方法进一步改善中心估计。

表3-5　测量站点位置的敏感性研究定量统计指标

风向	区域/km	校正系数		相对误差	
		MG	PCC	传统/%	联合/%
E	0～0.5	0.55	1.00	17	14
	0.6～1.2	1.10	1.00	62	10
	1.4～3.6	1.25	1.00	12	11
	3.8～6.8	0.87	1.00	21	8
NE	0～0.5	1.26	1.00	18	13
	0.6～1.1	1.72	1.00	17	13
	1.2～3.6	2.48	1.00	12	8
	3.8～6.8	1.08	1.00	17	8

3.3.4　测量数量和质量的敏感性

图3.14展示了使用不同数量和质量的测量数据获得的相对估计误差的统计数据。对于两个风向,联合估计方法的下四分位数、中位数和上四分位数均小于传统估计方法在所有实验中给出的值。这表明联合估计方法优于传统估计方法,并对测量数据的数量不敏感。此外,就四分位间距/范围和离群值而言,对于E方向上的大多数实验和NE方向上的所有实验,联合估计方法的显示范围比传统估计方法更窄。这表明联合估计方法对测量数据质量的变化更具有鲁棒性。测量数据的数量和质量在真实核事故中可能存在很大的不确定性,联合估计方法对这两个因素的鲁棒性增强了其对源项反演的吸引力。

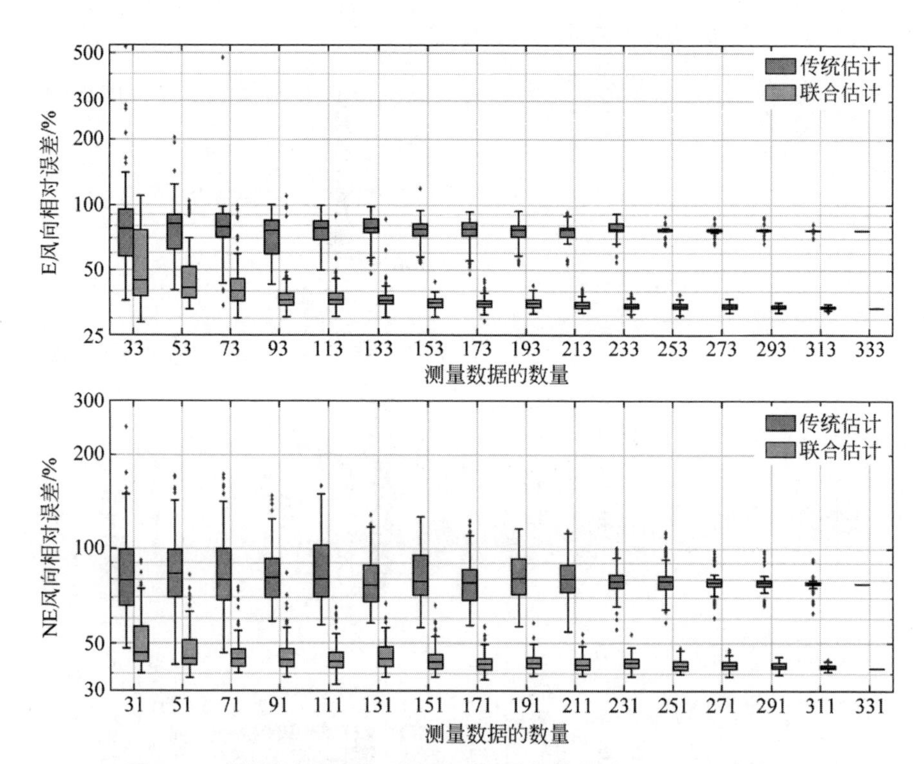

图 3.14 测量数据数量和质量敏感性分析的相对误差(见文前彩图)

每个框的中间线是中位数,框的下/上边界表示第25%/75%。围栏表示上四分位/下四分位的四分位间距的1.5倍。点表示不在围栏之间的异常值

3.3.5 可扩展性

如图3.15的第一行所示,联合(中位数)估计方法提供的校正系数精度不如联合(MCD)估计,但也都在2倍线以内。此外,在两次验证中(图3.15的第二行),联合(中间数)估计方法仍明显优于传统估计方法,表明了联合方法在使用不同中心估计方法时具有稳定性。

联合(中位数)估计和联合(MCD)估计之间的差异揭示了中心估计方法和源项估计之间的紧密相关性。因此,选择一种合适的中心估计方法,以恰当地描述模型偏差的中心趋势是非常重要的。除了通用估计方法外,联合估计方法还可与针对模型偏差的估计方法相兼容,从而为源项反演提供灵活的框架。

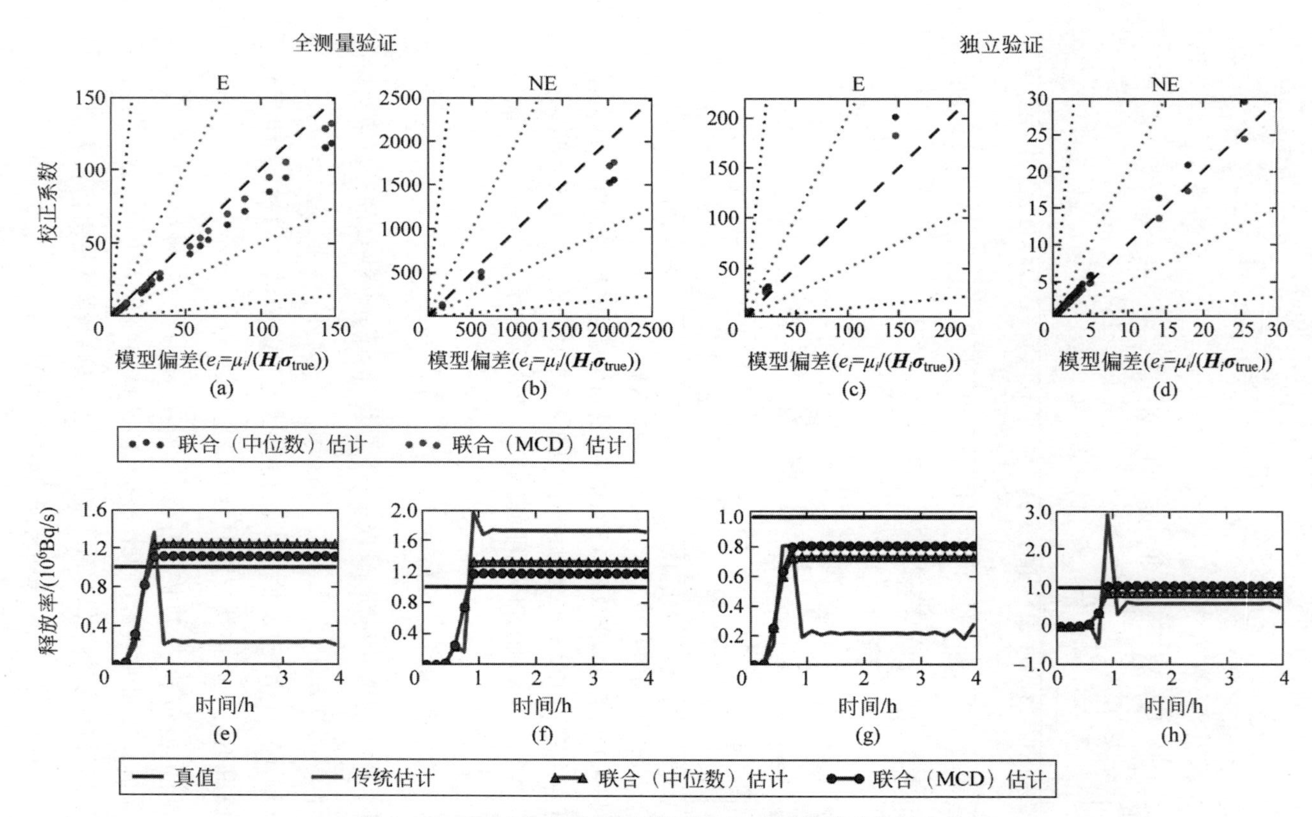

图 3.15 联合（中位数）估计和联合（MCD）估计方法的比较

第一行：校正系数；第二行：释放率

3.4 小　　结

本章提出了一种联合估计方法，该方法可以同时校正模型偏差和估计意外释放的源项。所提出的方法使用系数矩阵来量化扩散模型确定性偏差和随机性偏差的组合效果，这比传统反演方法更完整，且方法中校正系数矩阵和释放率都可以直接通过测量数据求解。因此，该方法纯粹由数据驱动，适用于各种模型和场景。基于核电厂址的风洞实验，本研究将联合估计方法与传统方法的性能进行了比较。此外，本研究分析了所提出方法对测量的位置、数量和质量的敏感性。同时还研究了联合估计方法对不同中心估计方法的可扩展性。结果表明，联合估计方法能有效校正模型偏差。因此，在源项估计和模型预测方面，联合估计方法在所有验证和敏感性测试中均明显优于传统方法。所提出的方法在广泛范围的测量数量和质量都具有较低的误差。此外，它可以使用各种中心估计方法进行扩展，这些估计方法可以将模型的统计特征和测量结果合并到联合估计当中。因此，即使多种因素存在很大的不确定性，联合估计方法也能为源项反演提供灵活的框架，有助于在实际核事故中的应用。

第4章　基于FFT卷积的三维剂量率场快速计算方法

4.1　引　　论

在前面的章节中，对精细大气扩散模型进行了验证和参数优化分析，并提出了同步源项预测和模型偏差校正的联合估计方法，提高了辐射风险预测在大气扩散和源项估计两个方面的准确度。本章针对剂量模型和扩散模型之间模型场景和数值设定不匹配现象，提出适用于任意放射性核素分布的精确且快速的三维剂量率场计算方法，降低模型不匹配现象导致的辐射风险预测不确定性。所提出的方法将伽马剂量率场计算中的三维直接积分形式重新表述为三维卷积形式，并且通过应用快速傅里叶变换FFT技术将计算复杂度降低几个数量级。所提出的方法没有对放射性核素分布做出任何近似或假设，这确保了其通用性和准确性。在本章中，所提出的方法在三个基准案例中得到验证，即简单平坦地形的模拟扩散实验、具有异质复杂地形的模拟扩散实验和比利时SCK-CEN ^{41}Ar场地实验。在这些验证算例中，所提出的方法与多种放射性核素大气扩散模型相结合，证明其具备的通用性。同时，本章将所提出方法与半无限烟云法、RIMPUFF中的列表法和三维直接积分法的性能进行了比较。

4.2　精确快速三维剂量率场计算方法的理论基础

4.2.1　标准三维积分剂量率计算方法

对于选定的一个点(x_o, y_o, z_o)，其剂量率为空气中所有放射性核素的不同能量射线的辐照总和。标准的剂量率计算公式如下：

$$H(x_o, y_o, z_o) = \sum_{E_\gamma} \frac{\omega K \mu_a E_\gamma}{\rho} \cdot f^n(E_\gamma) \cdot \Phi(E_\gamma, x_o, y_o, z_o) \quad (4\text{-}1)$$

其中，H 是点(x_o,y_o,z_o)的剂量率(Sv/s)。ω 是有效剂量和空气吸收剂量的比例因子(Sv/Gy)[163]，代表了生物的辐射风险。$K=1.60\times10^{-13}$ 是转化因子(J/MeV)，μ_a 是线性能量吸收系数(m^{-1})，E_γ 是射线能量(MeV)，ρ 是空气密度$(\mathrm{kg/m^3})$，$f^n(E_\gamma)$是核素 n 在特定能量 E_γ 下的分支比，而 $\Phi(E_\gamma,x_o,y_o,z_o)$是空气中所有能量为 E_γ 的射线通过点(x_o,y_o,z_o)位置形成的光子通量率$(\mathrm{m^{-2}\cdot s^{-1}})$。

对于任意的三维放射性核素的分布 $C^n(x,y,z)(\mathrm{Bq/m^3})$，在点$(x_o,y_o,z_o)$处由单能射线形成的光子通量率可由以下公式计算得到[56,146,148]：

$$\Phi(E_\gamma,x_o,y_o,z_o)=\iiint\limits_{x\,y\,z}\frac{C^n(x,y,z)\cdot B(E_\gamma,\mu\cdot d)\cdot\exp(-\mu\cdot d)}{4\pi d^2}\mathrm{d}x\mathrm{d}y\mathrm{d}z \tag{4-2}$$

其中，$B(E_\gamma,\mu\cdot d)$是累积因子，代表了单点光子对于计算点的通量贡献。μ 是由光子能量决定的空气线性衰减因子(m^{-1})，d 是从计算点(x_o,y_o,z_o)到放射性核素所在位置(x,y,z)的距离。距离 d 可以被表示成如下形式：

$$d=\sqrt{(x-x_o)^2+(y-y_o)^2+(z-z_o)^2} \tag{4-3}$$

累积因子 $B(E_\gamma,\mu\cdot d)$具有不同的形式[164]，但都是由包含光子能量、线性衰减系数和距离的函数构成。本研究使用剂量计算领域广泛使用的线性形式累积因子[56,146]，$B(E_\gamma,\mu\cdot d)=1+k\mu d$，其中 $k=(\mu-\mu_a)/\mu_a$。

上述标准三维积分剂量率计算方法中，式(4-2)中的三维积分操作需要对整个计算范围进行积分，是三维剂量率计算当中最耗时的部分，使得三维剂量率场的快速评估十分困难。

4.2.2 卷积形式的三维剂量率计算方法

分别使用 $\boldsymbol{r}_0=[x_o,y_o,z_o]^\mathrm{T}$ 和 $\boldsymbol{r}=[x,y,z]^\mathrm{T}$ 代表三维坐标计算点和积分空间中的任意一点，即将空间位置用向量的形式表示，式(4-3)被重写为

$$d=\|\boldsymbol{r}_0-\boldsymbol{r}\|_2 \tag{4-4}$$

其中，$\|\cdot\|_2$ 代表2-范数。将式(4-4)代入式(4-2)，光子通量率的计算公式可被表示成

$$\Phi(E_\gamma,\boldsymbol{r}_0)=\int_{\boldsymbol{r}}\frac{C^n(\boldsymbol{r})B(E_\gamma,\mu\|\boldsymbol{r}_0-\boldsymbol{r}\|_2)\exp(-\mu\|\boldsymbol{r}_0-\boldsymbol{r}\|_2)}{4\pi\|\boldsymbol{r}_0-\boldsymbol{r}\|_2^2}\mathrm{d}\boldsymbol{r} \tag{4-5}$$

当给予一个特定的光子能量 E_γ 时，线性衰减是一定的，此时式(4-5)的右侧可以简写成 $\boldsymbol{r}_0-\boldsymbol{r}$ 的函数：

$$\Phi(E_\gamma,\boldsymbol{r}_0)=\int_{\boldsymbol{r}}C(\boldsymbol{r})\cdot R_{E_\gamma}(\boldsymbol{r}_0-\boldsymbol{r})\mathrm{d}\boldsymbol{r} \tag{4-6}$$

其中，

$$R_{E_\gamma}(\boldsymbol{r}_0-\boldsymbol{r})=\frac{B(E_\gamma,\mu\|\boldsymbol{r}_0-\boldsymbol{r}\|_2)\exp(-\mu\|\boldsymbol{r}_0-\boldsymbol{r}\|_2)}{4\pi\|\boldsymbol{r}_0-\boldsymbol{r}\|_2^2} \tag{4-7}$$

式(4-6)是一个标准形式的三维卷积函数，内含一个三维的卷积核函数 $R_{E_\gamma}(\boldsymbol{r}_0-\boldsymbol{r})$。由于上述的三维积分形式向卷积形式的转化过程中，没有任何的近似行为，所以式(4-6)和式(4-2)是完全等价的。并且，由于卷积方法仅要求浓度数据为等距数据，对 $C(\boldsymbol{r})$ 没有任何限制，所以此方法适用于任意放射性核素分布的剂量率计算。但是在实际计算当中需要注意，使用此方法计算非等距网格数据时，需要先将非等距网格的浓度数据插值成等距网格的浓度数据，这是FFT技术内在的限制。

4.2.3　卷积方法的快速计算

式(4-2)和式(4-6)的计算复杂度都是 $O(N^2)$，其中，N 是剂量率计算点的总个数[165]。这说明计算复杂度会随着 N 的增长快速增大，导致了十分高昂的计算代价。

为了减少计算复杂度，本研究将快速傅里叶变换方法引入卷积积分的计算中。根据卷积定理，时域的卷积函数可以表达成频域的乘积函数[165]。那么，式(4-6)可以被重写成

$$\Phi(E_\gamma,\boldsymbol{r}_0)=\mathcal{F}^{-1}\left[\mathcal{F}(C(\boldsymbol{r}_0))\cdot\mathcal{F}(R_{E_\gamma}(\boldsymbol{r}_0))\right] \tag{4-8}$$

其中，$\mathcal{F}(\cdot)$代表傅里叶变换，$\mathcal{F}^{-1}(\cdot)$代表傅里叶逆变换。式(4-8)通过三次傅里叶变换和一次乘法运算替代了式(4-2)和式(4-6)中非常耗时的三维积分运算。如果放射性核素分布 $C(\boldsymbol{r}_0)$是标准等距网格数据，式(4-8)中的傅里叶变换可以通过 FFT 来降低计算复杂度到 $O(N\log_2 N)$。图 4.1 比较了三维直接积分法和基于 FFT 的卷积法的计算复杂度。可以看出，相比于三维直接积分法，基于 FFT 的卷积法的计算复杂度降低程度随着计算网格数的增加越来越显著。理论上，当网格数量是 10^6 的时候，三维直接积分法的计算复杂度是基于 FFT 的卷积法的 5.02×10^4 倍。

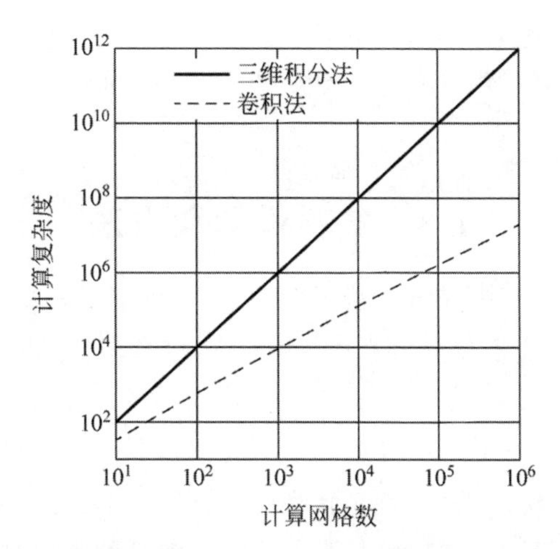

图 4.1　三维积分法和基于 FFT 的卷积法的计算复杂度对比

4.2.4　面向受体的三维剂量率场计算方法

式(4-6)将通量率计算分为两个独立函数的乘积，分别是通过大气扩散确定的放射性核素分布函数和描述三维积分体积中每个体积元的单位浓度对计算点位置辐射贡献的卷积核函数。

图 4.2 显示了具有 ^{41}Ar 的两个不同配置的卷积核实例。两个卷积核都有 5 倍自由程的范围[146,148]。第一个卷积核在所有方向上是对称的(图 4.2(a))，它描述了各向同性的响应，适用于空气中的伽马剂量率估计。第二个卷积核(图 4.2(b))在 z 方向上是各向异性的，其配置与地面生物的配置较为一致，适用于地面伽马剂量率估计。

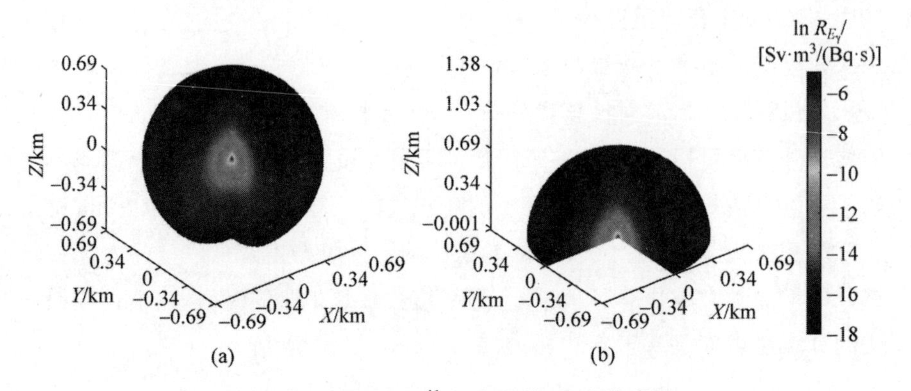

图 4.2　不同配置的^{41}Ar 卷积核(见文前彩图)

(a) 适用于空气剂量率计算的各向同性卷积核；(b) 适用于地面剂量率计算的各向异性卷积核

4.3　实验设置和方法

为了证明 4.2 节中提出的基于 FFT 的三维剂量率场计算方法的有效性和通用性,此方法将被应用于多种场景中,结合多种不同类型的放射性核素扩散模型。

测试算例共有 5 例,分别是:①空气剂量转换因子(dose conversion factors,DCFs)计算;②地面剂量转换因子计算;③通过高斯烟羽模型模拟的平坦地形上的简单空气扩散;④通过拉格朗日粒子模型 MSS 模拟的高度异质地形上的复杂空气扩散[102];⑤使用拉格朗日烟团模型模拟的 SCK-CEN ^{41}Ar 现场实验的空气扩散[166-167]。上述测试算例(test case: TC)依次命名为 TC1~TC5。

在每个测试算例中,将所提出的方法与三维直接积分方法进行比较。在 TC3 和 TC4 中,还将所提出的方法与半无限烟云法进行了比较。然而,在 TC5 中,并没有和半无限烟云法进行比较,因为先前的研究已经针对相同的测量评估了类似的无限烟云法,并报告了其高估行为[56]。因此,在 TC5 中,将所提出的方法与 RIMPUFF[54] 中的列表法进行了比较。

表 4-1 总结了这些测试算例中包含的算例特征、大气扩散模型和相对应的对比数据集。这些测试算例的设置将在下面四个小节中进行详细介绍。

表 4-1　测试算例设置

测试算例	算例特征	扩散模型	对比数据集
TC1：DCFs(空气)	三维各向同性	无	FGR12
TC2：DCFs(地面)	二维各向同性	无	FGR12
TC3：高斯烟羽模拟	恒定风场(稳定度 A-F)	高斯烟羽	模拟结果
TC4：场地模拟	高度异质地形	拉格朗日粒子	模拟结果
TC5：^{41}Ar 场地实验	变化风场	拉格朗日烟团	实测值

4.3.1　TC1 和 TC2：空气和地面剂量转换因子计算算例

同时使用三维直接积分法和基于 FFT 的卷积法计算空气和地面剂量转换因子。TC1 和 TC2 使用美国联邦导则第 12 号报告[53] (Federal Guidance Report No. 12,FGR12)中的有效剂量转换因子作为标准来验证剂量率计算方法的有效性。需要注意的是，此剂量转换因子是用来计算伽马剂量率的，不包含贝塔剂量的贡献。在 FGR12 中，贝塔射线被认为是包含在皮肤剂量转换因子中，不包含于有效剂量转换因子。为了与 FGR12 的设置保持一致，本研究排除了有效剂量因子中皮肤剂量率的贡献。同样为了保持设置一致，计算时使用了非对称卷积核(图 4.2(b))，对于空气和地面剂量转换因子，其计算位置都设置在地上 1 m 高度处[53,168]。本研究选取某核电厂基准事故中释放到环境的主要放射性核素，计算这些放射性核素的有效剂量转换因子来和 FGR12 进行比对。

4.3.2　TC3：高斯烟羽模拟算例

此测试算例中使用了高斯烟羽大气扩散模型，模拟网格分辨率为 50 m×50 m×10 m，释放高度为 65 m 的高架烟囱释放。放射性核素的选择和 TC1 一致，均为某核电厂事故的主要放射性核素。同时，此算例模拟了不同的大气稳定度和固定的风速(6 m/s)输入。这个算例的计算域范围为：下风向 5 km，横风向 0.6 km，高度 0.5 km。

4.3.3　TC4：基于高度异质地形的场地模拟

此算例应用拉格朗日粒子模型 MSS 来模拟气态污染物在范围为 3 km×3 km×0.7 km 的场地中的大气扩散(图 4.3)。此算例的地形高度异质，将导致污染物分布十分不均匀。此算例的网格分辨率为 20 m×20 m×20 m，输入的初始风场为风速 6 m/s 的北风。并且，此算例在 10 m

高度以每秒释放 10^4 个粒子的速率来模拟 10^{14} Bq/h 的 ^{41}Ar 意外释放。

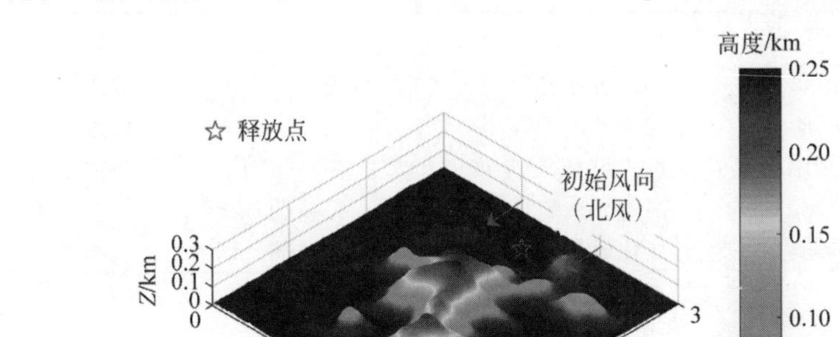

图 4.3 TC4 中高度异质的地形(见文前彩图)

4.3.4 TC5：SCK-CEN ^{41}Ar 场地实验

4.3.4.1 SCK-CEN ^{41}Ar 场地实验简要介绍

该场地实验的目的是对核反应堆释放的放射性烟羽进行全面评估，并将烟羽特征和观测数据进行对比研究。该实验在比利时莫尔的核能研究中心一号研究堆(BR1)上进行。释放核素使用惰性气体 ^{40}Ar 的放射性同位素 ^{41}Ar，其通常从反应堆里排出。同时测量了气象数据、源项、^{41}Ar 辐射场和烟羽几何形状。

如图 4.4 所示，SCK-CEN 核能研究中心的覆盖面积大约是 1 km^2，大多数建筑是由储藏室组成的。整个场地处于较为平坦的森林地区，间断地存在一些开阔的草地。植被主要由针叶树组成。在整个实验过程当中，主要的风向是西南风(SW)。

BR1 是一个气冷石墨反应研究堆，可在 2 MW 的功率下运行。在整个实验期间，该反应堆的输出功率保持在 700 kW。烟气以 9.4 m^3/s 的速率从 60 m 高的烟囱释放，^{41}Ar 则以约 1.5×10^{11} Bq/h 的速率释放。这个释放率是通过安装在通风井内的永久监控系统测量得到的。使用安装在 SCK-CEN 范围内的气象站进行风速、风向、温度梯度和降水的观测。辐射测量则在建筑物的外部进行，最远的测量仪器位于反应堆下风向 1.5 km 处。辐射场由八个碘化钠(铊)(NaI(T1))检测器阵列进行监测，这些检测

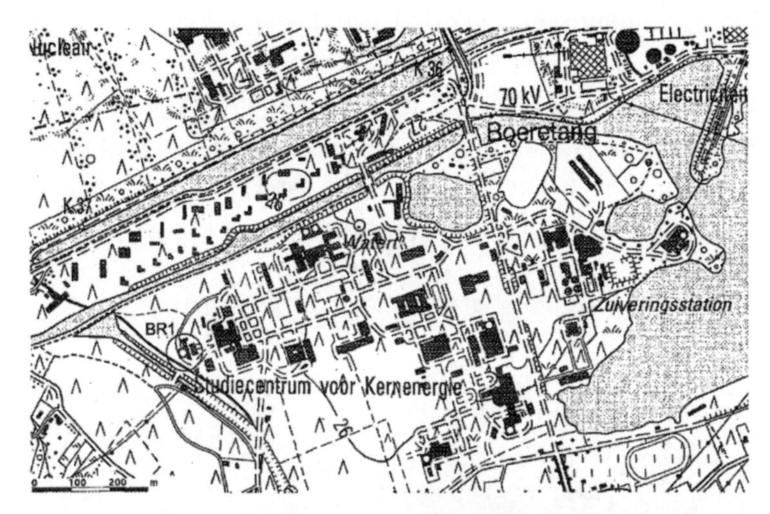

图 4.4　SCK-CEN ^{41}Ar 场地实验的场地范围

其中反应堆烟囱，即释放点由小圆圈标记

器经过正确校准并垂直于主要风向。另外，设置了两个高分辨率锗 HPGe 探测器以校准 NaI 检测器的信号，并提供有关烟羽中心线的辐射场变化信息。辐射探测器主要布置在较为开放的路段，避免放射性射线被树木或建筑挡住。烟羽的几何形状通过激光雷达扫描技术确定，提前将白色气溶胶示踪剂注入反应堆，并通过脉冲激光束扫描从烟囱顶部发出的烟羽。激光雷达扫描是使用移动激光雷达扫描设备，放置于靠近反应堆或紧邻于辐射检测器的位置。

实验从 2011 年 10 月 1 日星期一至 5 日星期五，总共进行了 5 天。前两天用于设备的设置和测试。从星期三到星期五进行了全面的测量。星期五下午，对辐射探测器进行了校准。

4.3.4.2　本研究所使用的场地实验数据以及模型设置

由于 2001 年 10 月 3 日至 4 日场地实验的气象和测量数据最为完整，所以本研究选取了这两天的实验数据进行比对。并认为^{41}Ar 以恒定的释放速率从 60 m 的高架上排出。在模拟当中，大气稳定度按照实际测量进行设置，大多数情形下是中性稳定度。输入的风场为 69 m 高度的风速和风向测量值，忽略其他高度的风测量，这是由于拉格朗日烟团主要考虑释放高度层的风，而^{41}Ar 是气体，不需要考虑其沉降作用。通过 NaI(T1)检测器连续收集 1 min 内的平均光子注量率来计算剂量率进行比对。

图 4.5 显示了数值模拟时，^{41}Ar 场地实验的计算域（3 km×2.5 km×0.7 km）以及释放点和探测器的位置。此算例应用拉格朗日烟团模型来模拟放射性物质的扩散，并在模拟中使用现场测量的气象数据和修改后的 Karlsruhe-Jülich 扩散系数[54]。在这个算例中，网格分辨率为 10 m×10 m×10 m，烟团释放间隔为 30 s，模拟结果的输出间隔为 1 min。

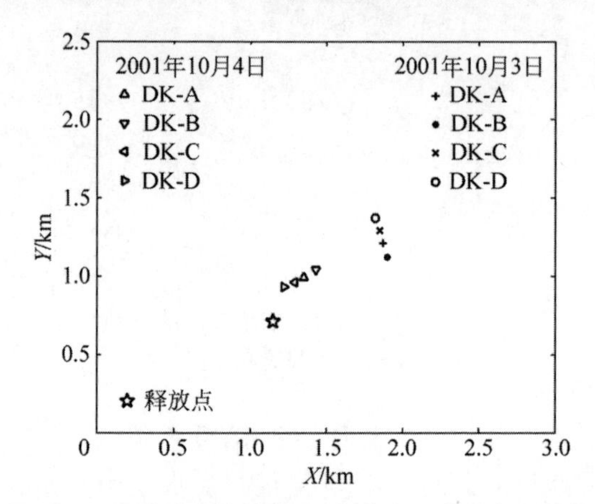

图 4.5 场地实验的计算域、释放点和监测点位置图

4.3.5 计算参数

本研究中的大部分算例以放射性物质 ^{41}Ar 为例，因此列举 ^{41}Ar 参与剂量计算的各项物理参数。射线能量 $E_\gamma = 1.294$ MeV，分支比 $f^n(E_\gamma) = 99.2\%$[169]，空气线性衰减系数 $\mu = 7.24\times10^{-3}\ m^{-1}$，线性能量吸收系数 $\mu_a = 2.05\times10^{-3}\ m^{-1}$[170]，有效剂量与空气剂量比例 $\omega = 7.35\times10^{-1}$ Sv/Gy[163]（由线性插值得到）。^{41}Ar 剂量计算的体积半径为 5 倍的平均自由程 $5/\mu = 6.91\times10^2$ m。

4.3.6 统计评估方法与统计指标

本研究计算以下统计指标以定量评估每种剂量计算方法的性能：在监测数据 0.5～2 倍区间内的模拟数据占总数据量的百分比 FAC2、分数偏差 FB、归一化均方误差 NMSE 和皮尔逊相关系数 PCC[158]。完美的模型具有 FAC2 和 PCC=1.0，FB 和 NMSE=0.0。

4.4　结果与讨论

4.4.1　TC1 和 TC2：空气和地面剂量转换因子计算结果的比较

图 4.6 比较了三维积分法和基于 FFT 的卷积法计算的 24 种放射性核素的空气剂量转换因子和 FGR12 报告中的剂量转换因子。可以明显看出，对于所有的放射性核素，基于 FFT 的卷积法与三维积分法结果一致。而三维积分法的结果非常接近 FGR12 报告中的值。对于 87.5%的放射性核素来说，这两种方法的结果与 FGR12 报告的偏差均低于 10%。

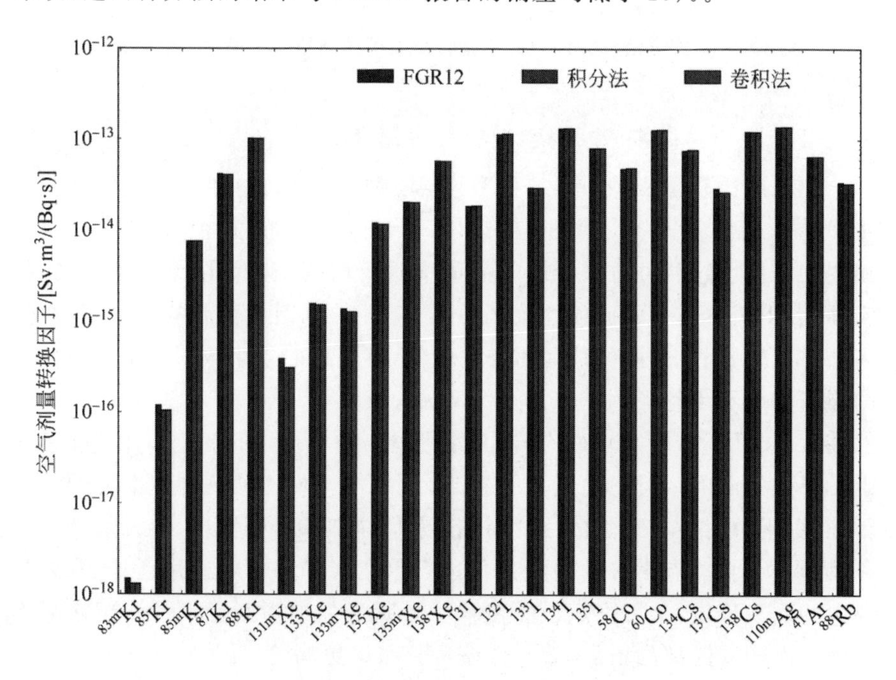

图 4.6　不同方法计算的空气剂量转换因子的结果对比图(见文前彩图)

图 4.7 展示了三维积分法和基于 FFT 的卷积法计算的地面剂量转换因子和 FGR12 报告的对比结果。可以看到，基于 FFT 的卷积法与三维积分法结果一致。而所有放射性核素的卷积法的结果与 FGR12 报告的偏差均小于 8%。图 4.6 和图 4.7 表明，基于 FFT 的卷积法在核素均匀分布时，计算结果和三维积分法保持一致，且准确度很高。

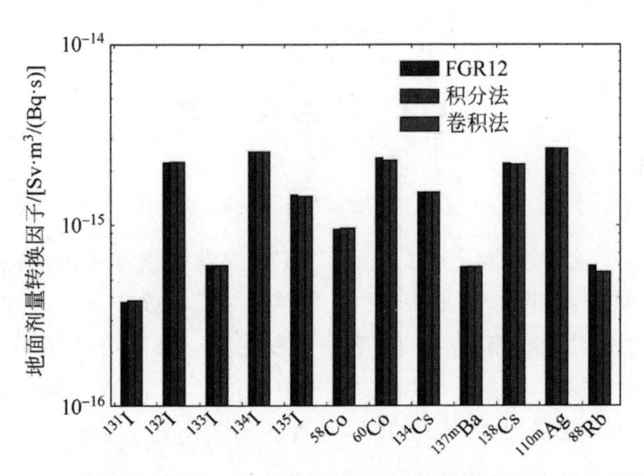

图 4.7 不同方法计算的地面剂量转换因子的结果对比图(见文前彩图)

4.4.2 TC3：高斯烟羽模拟算例的结果

图 4.8 比较了三种不同剂量率计算方法在 TC3 中计算的地面轴线剂量率。所有稳定度中,三维积分法和基于 FFT 的卷积法在所有距离上具有相同的结果。这两种方法给出的剂量率曲线均高于半无限烟云法的结果。实际上,由于本算例的放射性核素是在 65 m 的烟囱上释放的,烟羽是在较高处扩散的,因此预测的地面污染比较低,但是此时空中放射性烟云对地面的照射依旧不可忽视。在非常不稳定的大气环境下(稳定度为 A 时),放射性核素混合剧烈,分布较为均匀,因此所提出的卷积法的剂量率曲线通常和半无限烟云法的剂量率曲线较为接近(图 4.8(a))。对于更为稳定的大气环境,由于放射性核素弥散程度小,容易停留在释放点附近,半无限烟云法显然低估了释放点附近的地面剂量率(图 4.8(b)～(f))。并且,随着大气环境的逐步稳定,半无限烟云法在释放点附近的地面剂量率预测越来越不准确。而随着距离的增加,放射性核素分布得更均匀。因此,半无限烟云法在较远处给出的剂量率结果更接近基于 FFT 的卷积法的剂量率结果(图 4.8(b)～(f))。对于半无限烟云法在不同稳定度时的表现,认为偏差在 50%以内时的准确性是可接受的。那么,TC3 结果表明,不稳定大气条件下,对于超过 300 m 的距离,半无限烟云法的偏差小于 50%(图 4.8(a)和(b))。中性大气条件下,半无限烟云法的预测结果对于超过 1000 m 的距离显示出可接受的准确度(图 4.8(c)和(d))。稳定大气条件下,这个距离增加到 2000 m(图 4.8(e))或更远处(图 4.8(f))。

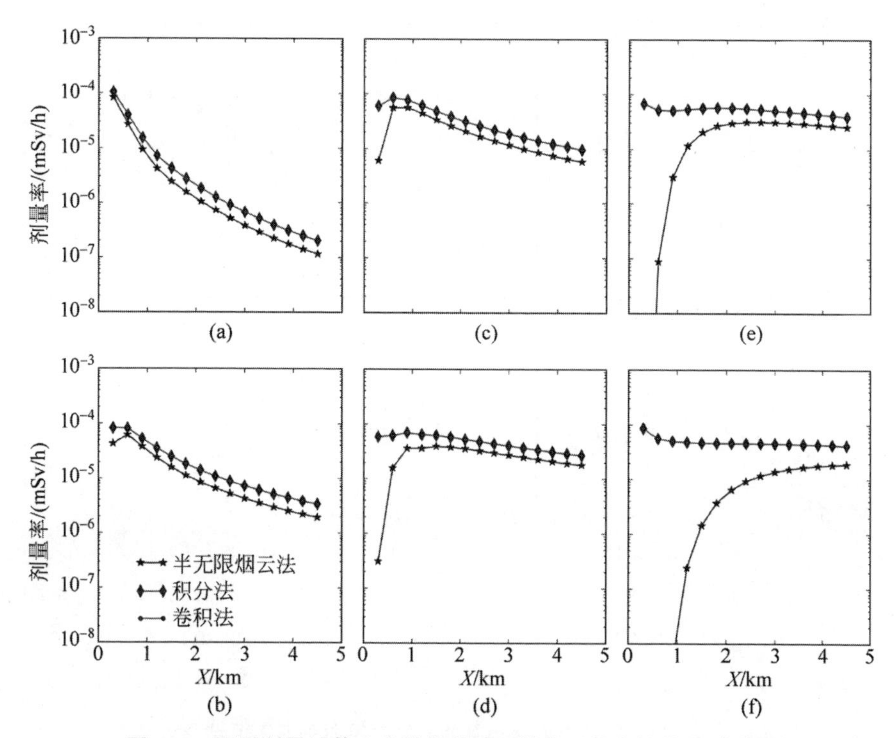

图 4.8　不同剂量计算方法计算的地面轴线剂量率的结果对比图

(a) 稳定度：A；(b) 稳定度：B；(c) 稳定度：C；(d) 稳定度：D；(e) 稳定度：E；(f) 稳定度：F

对于横风向的地面剂量率(图 4.9)，三维积分法和基于 FFT 的卷积法对所有大气环境下的预测具有完全一致性。半无限烟云法在所有稳定度情况下低估了剂量率，因为它仅取决于地面的局部放射性核素，忽略了空中或附近可能存在的高放射性水平。这种低估在稳定条件下会加剧，因为此时大多数放射性核素仍停留在空中，不会被半无限烟云法所考虑(图 4.9(c)～(f))。

4.4.3　TC4：基于高度异质地形的场地模拟

图 4.10(a)和(b)显示了复杂的山区地形显著改变了风的行为。因此，烟羽会随着风从轴线方向偏移开，导致轴线上出现两个放射性核素浓度为零的区域(如图 4.10(c)中的两个箭头所示)。由于半无限烟云法仅使用局部放射性核素信息，因此在这两个区域中的剂量率为零(如图 4.10(d)箭头所示)。然而，三维积分法的剂量率结果表明在这两个零放射性核素区域中剂量率并不为零(如图 4.10(e)中的箭头所示)，因为其他区域的放射性核

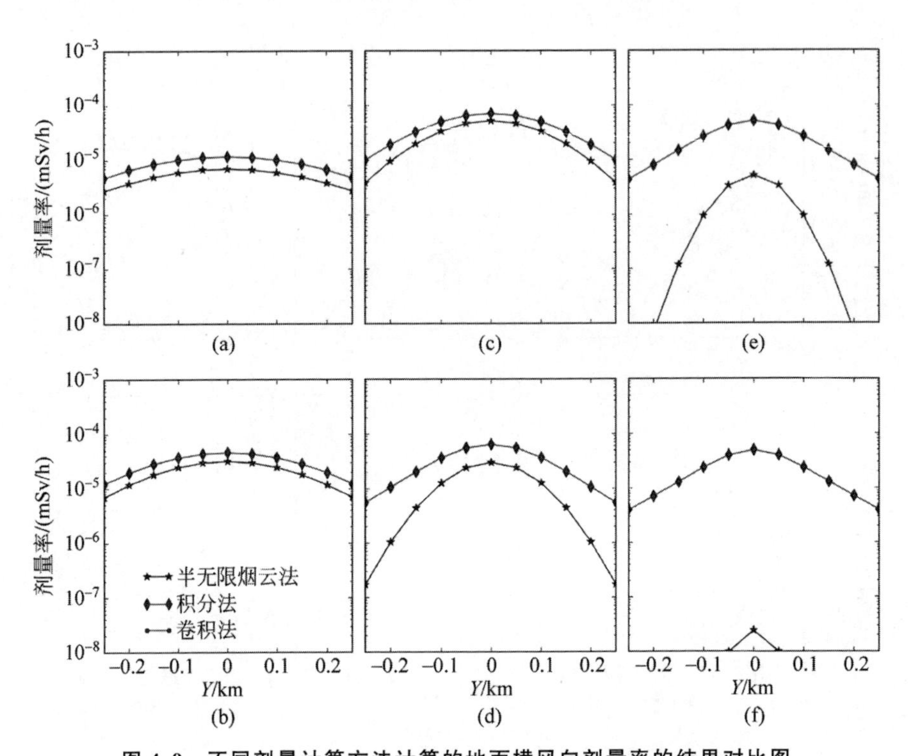

图 4.9　不同剂量计算方法计算的地面横风向剂量率的结果对比图

(a) 稳定度：A；(b) 稳定度：B；(c) 稳定度：C；(d) 稳定度：D；(e) 稳定度：E；(f) 稳定度：F

素发射的光子仍然会通过这两个区域。这种差异表明，在伽马剂量率计算中考虑非局部放射性核素的贡献是十分重要的。基于 FFT 的卷积法与三维积分法的结果完全一致，成功地重建了两个零放射性核素区域的剂量率(如图 4.10(f)中的箭头所示)。

图 4.11 比较了过释放点的垂直剖面放射性核素分布和剂量率分布。该剖面穿过山峰和零放射性核素区域(图 4.11(a)和(d))。由于地形影响，放射性烟羽偏离轴线，导致该剖面山坡上存在零放射性核素分布(如图 4.11(b)中的箭头所示)。因此，半无限烟云法的结果显示出相似的剂量率分布(如图 4.11(d)中的箭头所示)。相反，三维积分法揭示了山上有相当大的剂量率水平，这也同样可以通过基于 FFT 的卷积法预测得到(如图 4.11(e)和(f)中的箭头所示)。垂直剂量率分布的详细信息对于评估空中监测或救援的风险十分重要，例如，福岛核电厂事故后的直升机和消防车注水操作。

图 4.12 比较了由半无限烟云法、三维积分法和基于 FFT 的卷积法计算的累积剂量的地面水平分布和垂直分布。累积伽马剂量分布类似于水平

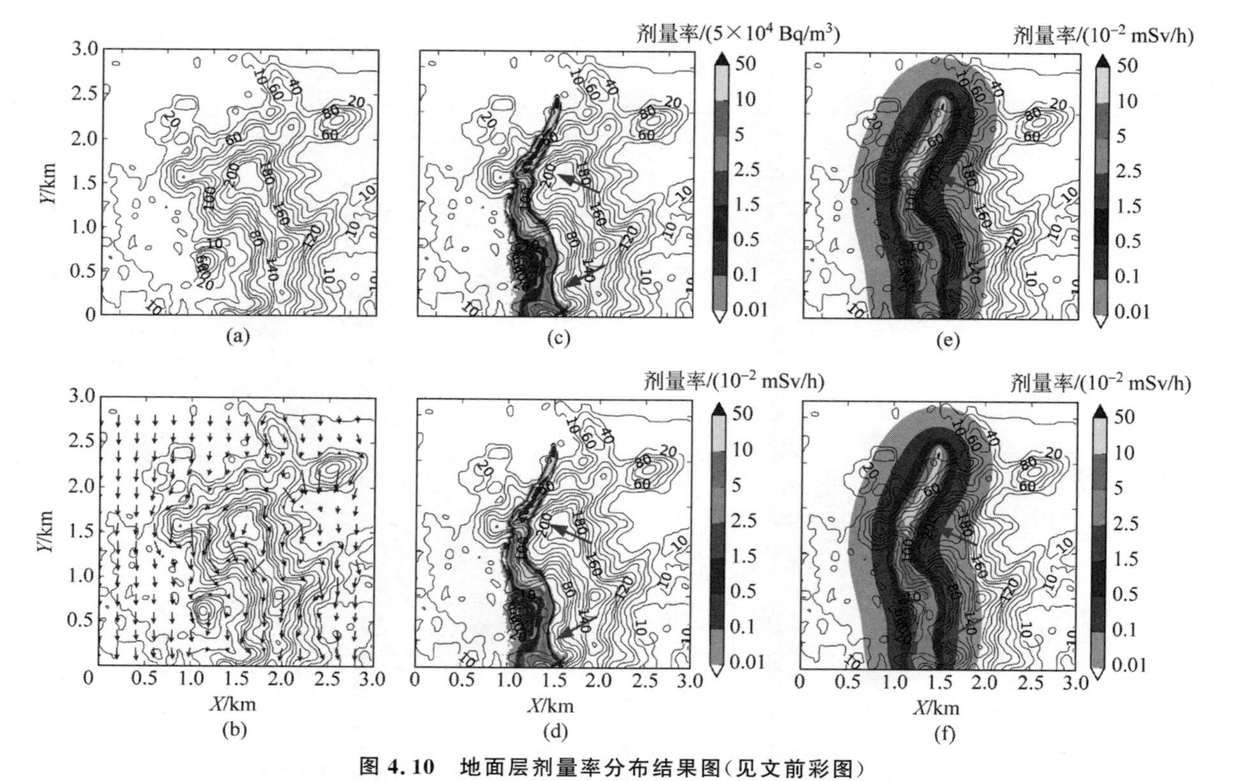

图 4.10　地面层剂量率分布结果图（见文前彩图）

（a）地形图；（b）风场图；（c）地面层放射性核素分布；（d）~（f）分别为半无限烟云法、三维积分法和基于 FFT 的卷积法计算的地面层剂量率分布图

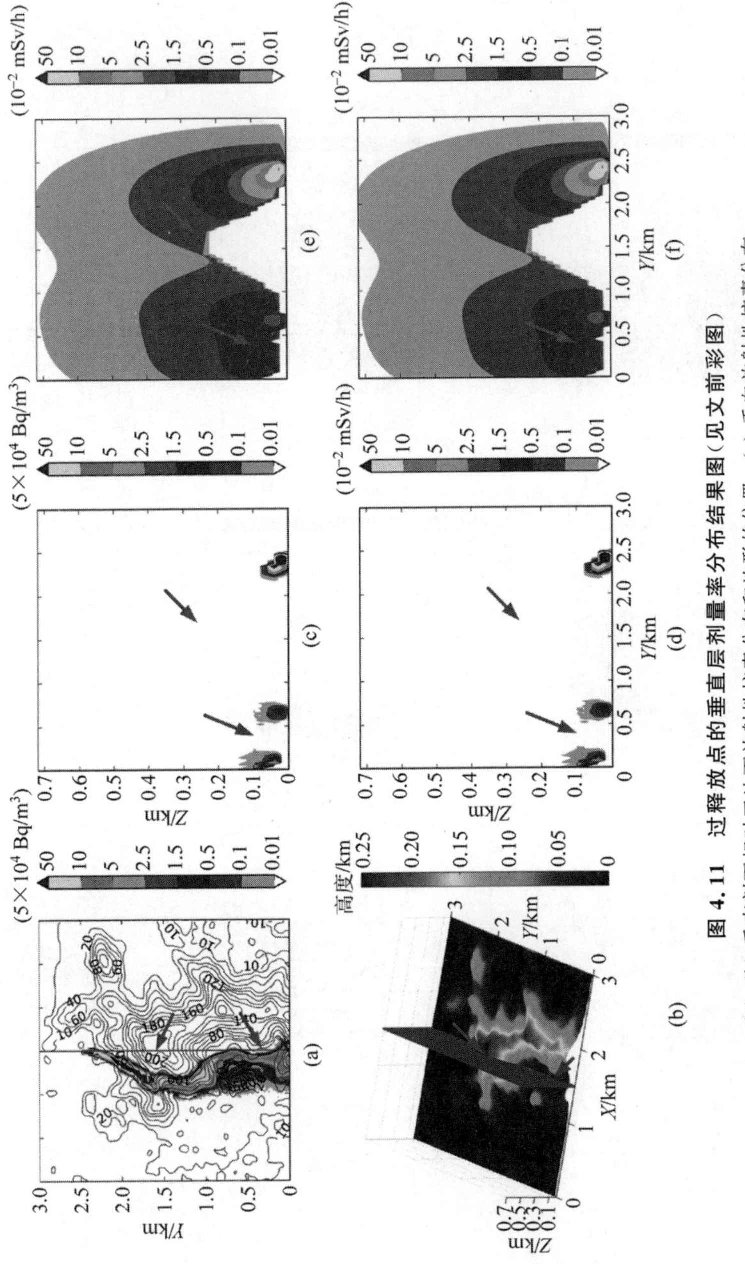

图 4.11　过释放点的垂直层剂量率分布结果图(见文前彩图)

(a)、(b) 垂直剖面相对于地面放射性核素分布和地形的位置；(c) 垂向放射性核素分布；

(d)～(f) 分别通过半无限烟云法、三维积分法和基于 FFT 的卷积法计算的垂向剂量率分布

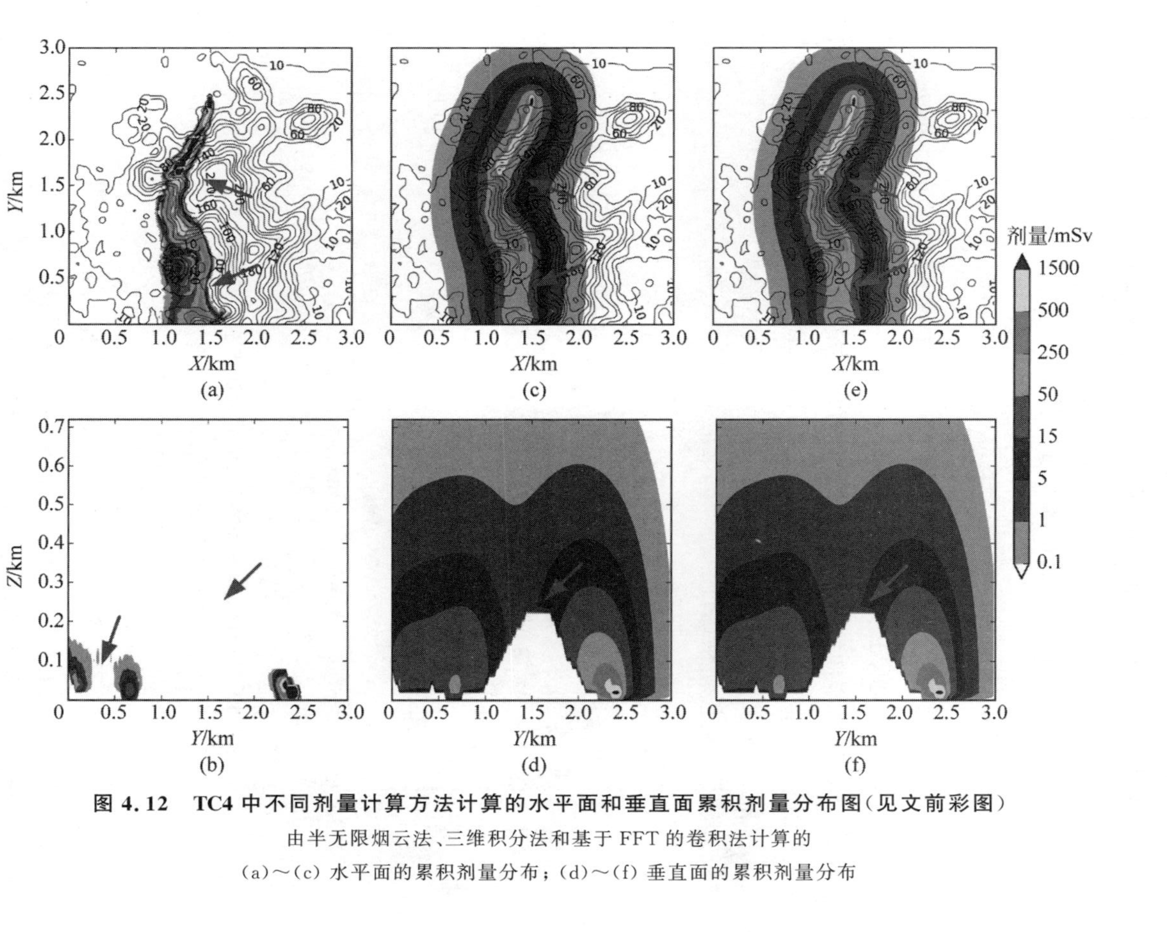

图 4.12　TC4 中不同剂量计算方法计算的水平面和垂直面累积剂量分布图(见文前彩图)

由半无限烟云法、三维积分法和基于 FFT 的卷积法计算的

(a)～(c) 水平面的累积剂量分布；(d)～(f) 垂直面的累积剂量分布

和垂直的剂量率分布。对于半无限烟云法，在水平和垂直的山上均有两个零剂量区（如图 4.12(a)和(b)中的箭头所示）。相反，三维积分法和卷积法成功地重建了上述两个区域中的累积剂量（如图 4.12(c)～(f)中的箭头所示）。半无限烟云法在这种复杂情形下的剂量率分布预测存在一定误差，而基于 FFT 的卷积法能提供精确的剂量率分布。

4.4.4 TC5：SCK-CEN ^{41}Ar 场地实验

图 4.13(a)比较了在 SCK-CEN ^{41}Ar 场地实验中，基于 FFT 的卷积法和三维积分法在 DK-B 站点计算的伽马剂量率。在整个测量周期，通过卷积法计算的剂量率曲线与三维积分法计算的剂量率曲线保持完美一致。上述情况通过图 4.13(b)中的散点图进一步证实，图 4.13(b)的散点均聚集于 1∶1 线上。上述结果表明，所提出的基于 FFT 的卷积法应用于实际情况时，完全不损失任何精确性。

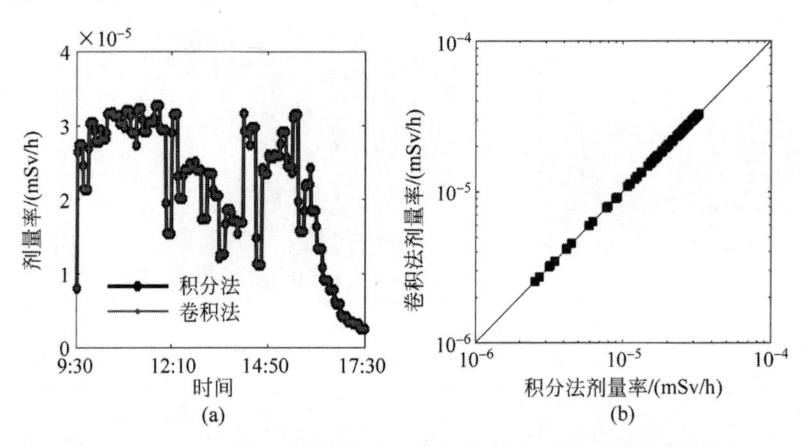

图 4.13 ^{41}Ar 场地实验中，三维积分法和基于 FFT 的卷积法在 DK-B 站点所计算的剂量率对比

(a) 逐时趋势图；(b) 散点图

图 4.14 对比了 2001 年 10 月 3 日的四个监测站点收集的测量值与 Rimpuff 中的列表法和基于 FFT 的卷积法计算的剂量率。对于站点 DK-A，列表法的结果在整个测量期间存在总体低估（图 4.14(a)）。而卷积法与测量结果更加接近，特别是在峰值区（如图 4.14(a)中的两个黑色箭头所示）。类似地，对于站点 DK-B，卷积法相比于列表法给出了更好的估计和更精确的峰值预测（图 4.14(b)）。对于站点 DK-C，列表法较为准确地预测了最后

一个峰，但显然低估了在 16:20 附近出现的主峰(图 4.14(c))。相比之下，卷积法提供了对主峰更好的预测(如图 4.14(c)中的箭头所示)，但是在 16:45 附近存在一些高估。对于站点 DK-D，列表法对 16:20 附近出现的主峰有一定的低估，卷积法则成功预测了该峰的峰值和出现的时间(如图 4.14(d)中的箭头所示)。在主峰之后，卷积法表现出一些残余高估。此外，由于烟团模型中不考虑湍流效应，所以两种方法预测结果比测量值随时间的变化更平滑，在之前的研究中亦有观察到这种现象[56]。

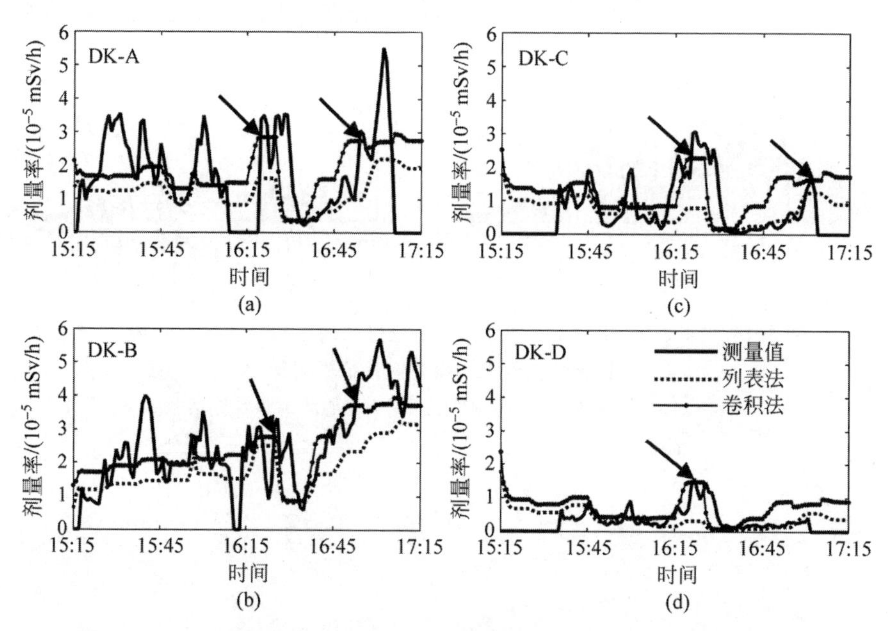

图 4.14　2001 年 10 月 3 日场地实验中通过列表法和基于 FFT 的卷积法计算的剂量率结果与测量值的对比

箭头表示两种方法在峰值预测时的不同表现。释放位置和监测点如图 4.5 所示

图 4.15 展示了不同方法计算的剂量率与 2001 年 10 月 4 日测量值的对比结果。与 10 月 3 日的结果类似，列表法的结果整体性低估，逐时剂量率曲线接近监测值变化的下限。相反，基于 FFT 的卷积法基本没有低估。和图 4.14 类似，卷积法在全部四个监测站点处比列表法更好地预测了峰值数据(如图 4.15(a)～(d)中的箭头所示)。

为了更好地解释列表法的低估行为，图 4.16 比较了 RIMPUFF 模型内置剂量计算表格中的五条插值曲线与通过三维积分法和基于 FFT 的卷积法计算的剂量率曲线。这些曲线对应于五个大小不同的放射性烟团所产

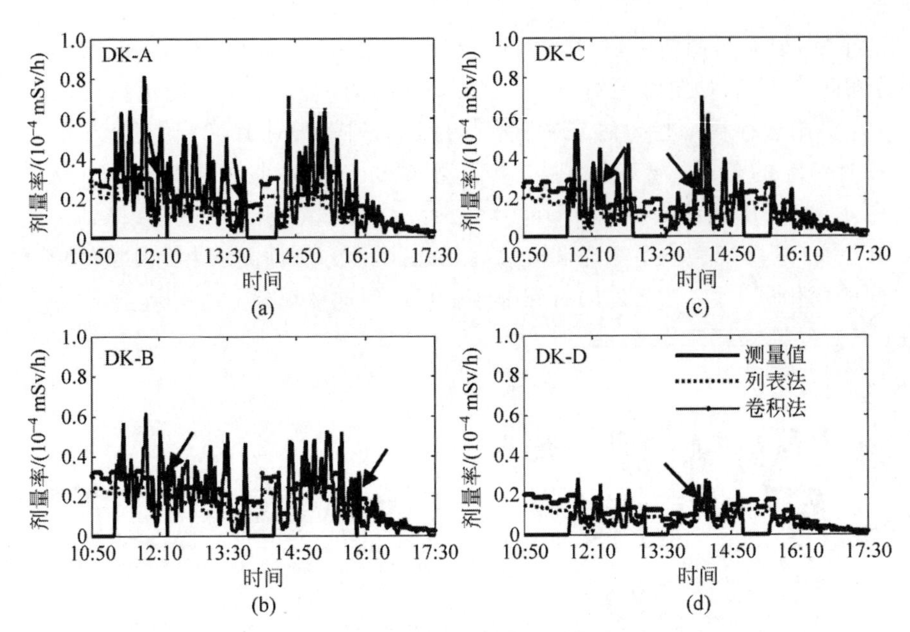

图 4.15　2001 年 10 月 4 日场地实验中通过列表法和基于 FFT 的卷积法计算的剂量率结果与测量值的对比

箭头表示两种方法在峰值预测时的不同表现。释放位置和监测点如图 4.5 所示

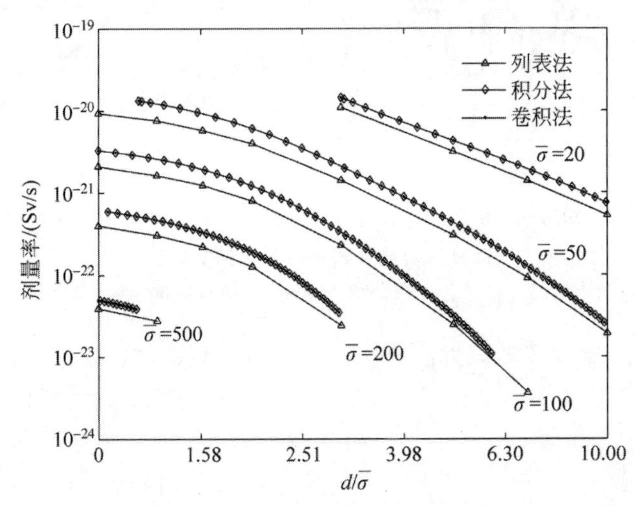

图 4.16　RIMPUFF 中列表法与三维积分法和卷积法对于五个烟团在不同距离产生的剂量率曲线的对比

烟团中放射性物质的射线能量为 1 MeV，烟团中心与计算点的距离 d 从 0 一直到 5 倍的自由程 $5/\mu=6.02\times10^{2}$ m。$\bar{\sigma}=(\sigma_x\cdot\sigma_y\cdot\sigma_z)^{1/3}$ 表示平均烟团大小

生的剂量率。对于所有五个烟团，卷积法计算与积分法结果完全一致。然而，列表法的曲线总是低于积分法曲线，存在整体性低估。放射性烟团与待计算位置越接近，低估就越明显。在前人的研究中已经观察到这种行为[171-172]。尽管列表法本身存在低估，但是在10月3日DK-C和DK-D的16:45附近仍较好地匹配测量值(图4.14(c)和(d))。这可能是因为扩散模型本身的高估抵消了列表法的低估。而卷积法未低估剂量率，因此无法消除对扩散模型的高估，导致在10月3日16:45左右，卷积法对站点DK-C和DK-D的剂量率预测存在一些偏差(图4.14(c)和(d))。

图4.17展示了列表法和基于FFT的卷积法预测结果的对比散点图。可观察到，大多数列表法的预测结果低于1∶1线，这进一步证实列表法对剂量率的预测存在低估(图4.17(a))。而基于FFT的卷积法给出的预测结果更集中于1∶1线(图4.17(b))，说明其预测结果更加准确。

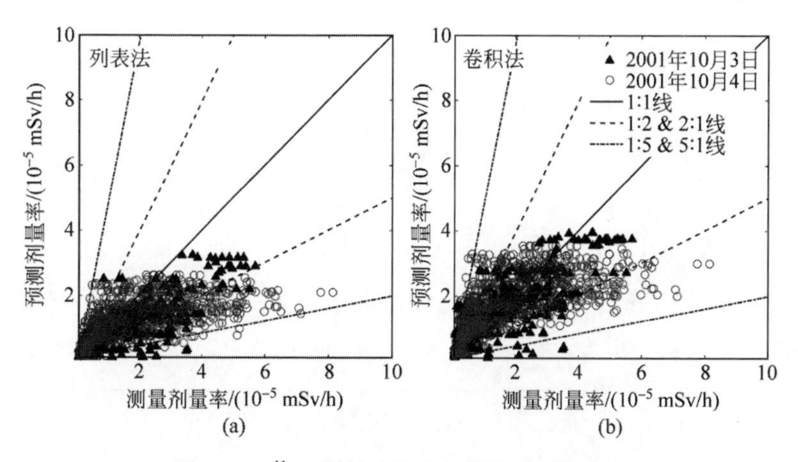

图4.17　^{41}Ar场地实验中剂量率预测散点图

(a) Rimpuff的列表法结果；(b) 基于FFT的卷积法结果

表4-2比较了两种剂量率计算方法的定量指标。基于FFT的卷积法的FB比列表法的FB小一个数量级，表明预测结果的低估程度要低得多。此外，卷积法的NMSE仅为列表法的一半，表明卷积法预测结果更加精确。就PCC和FAC2指标而言，这两种方法的表现相差无几。这些定量指标表明，即使是在真实的场地实验测试算例中，所提出的卷积法也可以有效提高剂量率预测的准确性。

表 4-2 列表法和卷积法的计算性能统计指标

指标	列表法	卷积法
FB	3.94×10^{-1}	2.14×10^{-2}
NMSE	5.59×10^{-1}	2.91×10^{-1}
PCC	6.99×10^{-1}	6.97×10^{-1}
FAC2	7.21×10^{-1}	7.29×10^{-1}

4.4.5 基于 FFT 的卷积法的精确度

表 4-3 定量评估了本章所有算例中基于 FFT 的卷积法与三维积分法预测结果的一致性。完美的 FAC2 和 PCC 以及极低的 FB 和 NMSE 表明，这两种方法给出的结果高度相关，并且在不同的测试算例中几乎是完全等效的。

表 4-3 基于 FFT 的卷积法相对于三维积分法的精确度

指标	TC1	TC2	TC3	TC4	TC5
FAC2	1	1	1	1	1
PCC	1	1	1	1	1
FB	-1.12×10^{-15}	-5.53×10^{-16}	6.39×10^{-16}	-1.92×10^{-15}	2.43×10^{-15}
NMSE	1.78×10^{-30}	2.56×10^{-31}	3.29×10^{-30}	5.03×10^{-30}	1.61×10^{-29}

4.4.6 基于 FFT 的卷积法的计算速度

图 4.18 比较了三种不同计算方法在各个算例中计算单个位置的剂量率所需的平均时间。半无限烟云法是最快的，因为它只涉及简单乘法运算。

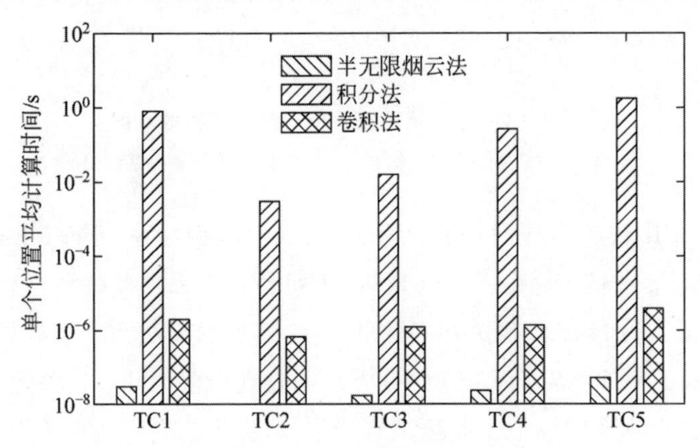

图 4.18 不同方法对单个位置剂量率的平均计算时间对比

然而，其在基于高度异质地形的场地模拟中展现的缺陷是不可接受的(图 4.10 和图 4.11)。三维积分法在所有算例中都是准确的，但它比半无限烟云法的计算速度慢了 $10^5 \sim 10^7$ 倍。而基于 FFT 的卷积法不仅比三维积分法快 $10^3 \sim 10^5$ 倍，还达到了与三维积分法相同的精度水平(表 4-3)。这表明在实践中可以轻松实现基于 FFT 的卷积法的理论精度和计算速度(图 4.1)。

4.5　小　结

本章提出了一种通用、精确和快速的方法来计算大气放射性核素形成的三维剂量率分布。所提出的方法将剂量率计算中的三维积分函数重构为卷积函数，并且通过应用 FFT 技术加快卷积计算，将计算成本降低了几个数量级。并且随着计算网格总数的增加，加速效果还能逐渐提高。卷积形式还提供了一种新的面向受体的剂量率计算方法，可以考虑各种受体特性，例如，三维配置和空间响应。为了验证所提出方法的有效性，将它与多种大气扩散模型结合，在不同的测试算例中进行测试。测试结果表明，无论放射性核素分布或大气扩散模型如何，所提出方法的精度都等同于三维积分方法。针对 SCK-CEN 现场实验数据的验证表明，在剂量预测和统计指标中，所提出的方法比 RIMPUFF 中的列表法更好地与监测值保持一致，尤其是在峰值处的表现。除高精确度外，所提出的方法极大地提高了计算速度。在约 10^6 网格数量计算中，比三维积分方法快约 10^5 倍。鉴于其计算效率，该方法可以有效联通精细三维大气放射性核素传输模型，进行相应的生物危害评估，更可以运用于核事故后果评价系统，为三维空间救援和监测提供技术支持。

第5章　基于NFFT的非等距三维剂量率场快速计算方法

5.1　引　　论

第4章提出了一种基于FFT的卷积法，在保持和三维积分法相同精度的情况下，极大地提高了计算速度。但值得注意的是，卷积法仅适用于等距的核素分布。当核素分布不是等距的，就需要先插值成等距的，才能使用卷积法进行计算。而插值操作难免会引入计算误差。而非均匀网格数据大多数来自于先进大气扩散模型的自适应网格系统，如CFD模型的近场模拟[173-174]。在这些算例中，浓度网格通常变化得很剧烈，但是测点数据又通常是非常有限的。因此，在这些算例中，计算剂量率时使用适用于非等距网格的快速三维剂量率场计算方法显得十分必要。

本章提出了一个针对非均匀网格的通用、精确和快速的三维剂量率场计算方法。该方法将伽马剂量率计算的三维积分分成两个部分：①具有正则化光滑函数的三维卷积；②近场的校正项。前者贡献了大部分计算量，而所提出的NFFT法加速了前者的计算，有效提高了总体的计算速度。在本章中，所提出方法在两个具有复杂地形或复杂建筑的算例中和SCK-CEN场地实验中进行了验证。验证表明，所提出方法适用于不同类型的非均匀网格系统，并且在实际场景计算中，NFFT法相比于三维积分法稳定提升了约两个量级的计算速度。所提出方法的实际提升效果和理论提升效果较为符合。此外，所提出方法还和第4章提出的卷积法和三维积分法进行了比较。

5.2　非均匀网格的快速三维剂量率场计算方法

5.2.1　三维积分法和其卷积形式

如第4章提到，单个点$\boldsymbol{r}_0=(x_0,y_0,z_0)$的伽马剂量率由所有入射到此

位置的光子造成。其计算公式可被表示成

$$H(\boldsymbol{r}_0)=\sum_{E_\gamma}\frac{\omega K\mu_{\mathrm{a}}E_\gamma}{\rho}\cdot f^n(E_\gamma)\cdot\Phi(E_\gamma,\boldsymbol{r}_0) \tag{5-1}$$

其中，$H(\boldsymbol{r}_0)$是待求伽马剂量率(Sv/s)，ω 是有效剂量和空气吸收剂量的比例因子(Sv/Gy)[163]。$K=1.60\times10^{-13}$ 是转化因子(J/MeV)，μ_{a} 是线性能量吸收系数(m^{-1})，E_γ 是射线能量(MeV)，ρ 是空气密度($\mathrm{kg/m^3}$)，$f^n(E_\gamma)$是核素 n 在特定能量 E_γ 下的分支比，而 $\Phi(E_\gamma,\boldsymbol{r}_0)$是空气中所有能量为 E_γ 的射线通过点(x_0,y_0,z_0)位置形成的光子通量率($\mathrm{m}^{-2}\cdot\mathrm{s}^{-1}$)。

式(5-1)中计算代价最大的就是计算通量率 $\Phi(E_\gamma,\boldsymbol{r}_0)$的部分，其包含了对每个位置点的三维积分计算。单能光子的通量率计算公式可表示成

$$\Phi(E_\gamma,\boldsymbol{r}_0)=\int_{\boldsymbol{r}}\frac{C(\boldsymbol{r})\cdot B(E_\gamma,\mu\|\boldsymbol{r}_0-\boldsymbol{r}\|_2)\cdot\exp(\mu\|\boldsymbol{r}_0-\boldsymbol{r}\|_2)}{4\pi\|\boldsymbol{r}_0-\boldsymbol{r}\|_2^2}\mathrm{d}\boldsymbol{r} \tag{5-2}$$

其中，$C(\boldsymbol{r})$是任意网格上的任意的三维放射性核素的分布，$B(E_\gamma,\mu\|\boldsymbol{r}_0-\boldsymbol{r}\|_2)$是关于离散光子的累积因子，$\mu(\mathrm{m}^{-1})$是基于光子能量计算的线性衰减系数，而$\|\boldsymbol{r}_0-\boldsymbol{r}\|_2$ 是计算点 $\boldsymbol{r}_0$ 到光子的欧几里得几何距离。

累积因子具有多种形式，其本身是光子能量、线性衰减系数和距离的函数。本章选择和第 4 章一致的线性函数形式 $B(E_\gamma,\mu\|\boldsymbol{r}_0-\boldsymbol{r}\|_2)=1+k\mu\|\boldsymbol{r}_0-\boldsymbol{r}\|_2$，其中 $k=(\mu-\mu_{\mathrm{a}})/\mu_{\mathrm{a}}$[55-56,146]。

给定一个光子能量 E_γ，线性衰减就被固定，式(5-2)的右边仅仅是 $\boldsymbol{r}_0-\boldsymbol{r}$ 和 $\boldsymbol{r}$ 的函数。因此，式(5-2)可被重写成

$$\Phi(E_\gamma,\boldsymbol{r}_0)=\int_{\boldsymbol{r}}C(\boldsymbol{r})\cdot R_{E_\gamma}(\boldsymbol{r}_0-\boldsymbol{r})\mathrm{d}\boldsymbol{r} \tag{5-3}$$

其中，

$$R_{E_\gamma}(\boldsymbol{r}_0-\boldsymbol{r})=\frac{B(E_\gamma,\mu\|\boldsymbol{r}_0-\boldsymbol{r}\|_2)\cdot\exp(-\mu\|\boldsymbol{r}_0-\boldsymbol{r}\|_2)}{4\pi\|\boldsymbol{r}_0-\boldsymbol{r}\|_2^2} \tag{5-4}$$

在剂量率计算中，卷积核可被看成是周围伽马射线的响应函数。

5.2.2 正则化的卷积函数

本研究中，卷积核被表示成一个光滑函数 $S_{E_\gamma}(\boldsymbol{r}_0)$和一个近区校正项 $\sigma_{E_\gamma}(\boldsymbol{r}_0,\boldsymbol{r}_k)$的总和：

$$R_{E_\gamma}(\boldsymbol{r}_0-\boldsymbol{r})=S_{E_\gamma}(\boldsymbol{r}_0-\boldsymbol{r})+\sigma_{E_\gamma}(\boldsymbol{r}_0-\boldsymbol{r}) \tag{5-5}$$

其中，光滑核函数 $S_{E_\gamma}(\boldsymbol{r}_0-\boldsymbol{r})$ 是一个距离的函数。光滑核函数被定义在等距网格上，可以应用快速傅里叶变换技术来加快计算速度。其具有如下形式：

$$S_{E_\gamma}(\boldsymbol{r}_0-\boldsymbol{r})=\begin{cases}\sum_{j=0}^{p-1}k_j\cos\left(\dfrac{j\pi\|\boldsymbol{r}_0-\boldsymbol{r}\|_2}{2a}\right), & \|\boldsymbol{r}_0-\boldsymbol{r}\|_2\leqslant a\\ K_{E_\gamma}(\boldsymbol{r}_0-\boldsymbol{r}), & \|\boldsymbol{r}_0-\boldsymbol{r}\|_2>a\end{cases} \tag{5-6}$$

其中，a 是近场的半径长度，p 是光滑程度。k_j 是系数，可通过以下公式求解：

$$R_{E_\gamma}^{(q)}(a)=S_{E_\gamma}^{(q)}(a),\quad q=0,1,2,\cdots,p-1 \tag{5-7}$$

其中，(q) 代表了第 q 阶的微分。那么，校正项 $\sigma_{E_\gamma}(\boldsymbol{r}_0)$ 可表示成如下形式：

$$\sigma_{E_\gamma}(\boldsymbol{r}_0-\boldsymbol{r})=\begin{cases}R_{E_\gamma}(\boldsymbol{r}_0-\boldsymbol{r})-S_{E_\gamma}(\boldsymbol{r}_0-\boldsymbol{r}), & \|\boldsymbol{r}_0-\boldsymbol{r}\|\leqslant a\\ 0, & \|\boldsymbol{r}_0-\boldsymbol{r}\|>a\end{cases} \tag{5-8}$$

将式(5-5)代入式(5-3)，可得到：

$$\begin{aligned}\Phi(E_\gamma,\boldsymbol{r}_0)&=\int_{\boldsymbol{r}}C(\boldsymbol{r})\left[S_{E_\gamma}(\boldsymbol{r}_0-\boldsymbol{r})+\sigma_{E_\gamma}(\boldsymbol{r}_0-\boldsymbol{r})\right]\mathrm{d}\boldsymbol{r}\\&=\int_{\boldsymbol{r}}C(\boldsymbol{r})S_{E_\gamma}(\boldsymbol{r}_0-\boldsymbol{r})\mathrm{d}\boldsymbol{r}+\int_{\|\boldsymbol{r}_0-\boldsymbol{r}\|\leqslant a}C(\boldsymbol{r})\sigma_{E_\gamma}(\boldsymbol{r}_0-\boldsymbol{r})\mathrm{d}\boldsymbol{r}\end{aligned} \tag{5-9}$$

式(5-9)右侧的第一项是一个覆盖完整计算域的卷积函数，而第二项是包含了有限范围的近区校正。因此，如何快速计算卷积项 $\int_{\boldsymbol{r}}C(\boldsymbol{r})S_{E_\gamma}(\boldsymbol{r}_0-\boldsymbol{r})\mathrm{d}\boldsymbol{r}$ 是加快式(5-9)计算的关键。

5.2.3 应用非均匀快速傅里叶变换的快速计算

根据傅里叶变换的卷积定理[165]：

$$\int_{\boldsymbol{r}}C(\boldsymbol{r})S_{E_\gamma}(\boldsymbol{r}_0-\boldsymbol{r})\mathrm{d}\boldsymbol{r}=C*S_{E_\gamma}=\mathcal{F}^{-1}\left[\mathcal{F}(C)\cdot\mathcal{F}(S_{E_\gamma})\right] \tag{5-10}$$

其中，$\mathcal{F}(\cdot)$ 代表了傅里叶变换，$*$ 代表了卷积操作。由于 $C(\boldsymbol{r})$ 是非等距的，$\mathcal{F}(C(\boldsymbol{r}_0))$ 无法直接使用应用于第 4 章的 FFT 技术，即基于 FFT 的卷积法[55]无法直接应用在式(5-10)中。然而，由于给定的 $S_{E_\gamma}(\boldsymbol{r}_0-\boldsymbol{r})$ 是光滑的，可以应用非均匀快速傅里叶变换(NFFT)来加快计算速度，并保持令人满意的精度[175-176]。

NFFT将非等距网格数据作为输入，输出变换后的等距网格结果，反之亦然[175]。NFFT使用定制的窗函数将非等距网格数据近似到等距网格上，如此便可以使用FFT来进行计算。而经过FFT之后，等距网格数据又被近似回非等距网格，以此来获得最终的结果。合适的窗函数使得近似操作误差极小。关于NFFT步骤的简要描述可查看文献[175]。

应用NFFT后，式(5-10)可写成如下形式：

$$\int_{\boldsymbol{r}} C(\boldsymbol{r}) S_{E_\gamma}(\boldsymbol{r}_0-\boldsymbol{r})\mathrm{d}\boldsymbol{r} \approx \mathrm{NFFT}^{-1}\left[\mathrm{NFFT}(C)\cdot \mathrm{FFT}(S_{E_\gamma})\right] \tag{5-11}$$

将式(5-11)代入式(5-9)，即可得到最终的快速计算公式：

$$\Phi(E_\gamma,\boldsymbol{r}_0) \approx \mathrm{NFFT}^{-1}\left[\mathrm{NFFT}(C)\cdot \mathrm{FFT}(S_{E_\gamma})\right] + \int_{\|\boldsymbol{r}_0-\boldsymbol{r}\|\leqslant a} C(\boldsymbol{r})\sigma_{E_\gamma}(\boldsymbol{r}_0-\boldsymbol{r})\mathrm{d}\boldsymbol{r} \tag{5-12}$$

5.2.4　基于NFFT的快速计算方法的计算复杂度

假设非等距网格的总数是N，式(5-2)和式(5-3)的三维积分方法计算复杂度都为$O(N^2)$[165]。而快速计算方法，式(5-12)，其NFFT相关部分要求$O(2mN+n\log_2 n)$的计算复杂度，其中$n=\sigma * N$是FFT的计算点个数，σ是NFFT中的过采样因子，m是窗函数的长度[175,177]。式(5-12)的积分近场校正项要求$O\left[N*\left(N\dfrac{a}{\max(d)}\right)\right]$的计算复杂度，$\max(d)$为计算域中最远的两个点的距离。所以，式(5-12)的计算复杂度为$O\left[2mN+n\log_2 n+\dfrac{a}{\max(d)}N^2\right]$。

图5.1比较了三维积分法和所提出方法的计算复杂度，所提出方法的参数设置为$m=2$，$\sigma=2$和$\dfrac{a}{\max(d)}=0.008$。近场校正的计算复杂度按固定比例低于三维积分法，由近场校正范围a确定。这是由于近场校正使用的就是三维积分方法，只是计算点较少。总的来说，所提出方法的计算复杂度在计算网格数较小时主要由NFFT决定，而网格数较大时主要由近场校正决定。

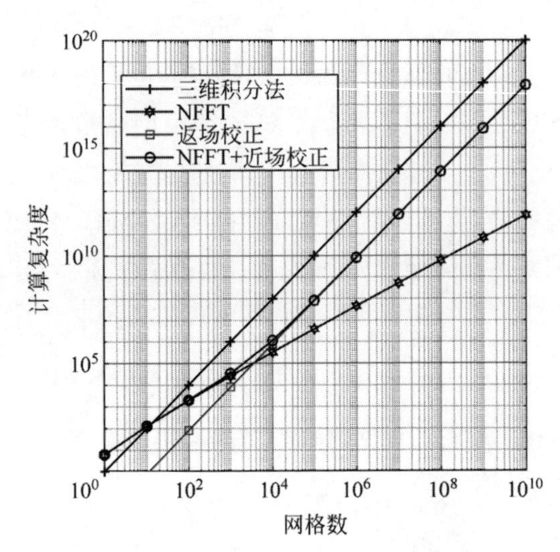

图 5.1 三维积分法、单独 NFFT、近场校正和所提出的 NFFT+近场校正方法的计算复杂度对比图

5.3 实验材料和方法

本研究将所提出的 NFFT 法在多个大气扩散算例中和不同类型的网格数据适配，以此来验证方法的通用性。

测试算例包括：①具有复杂地形的局地尺度大气扩散模拟，使用拉格朗日粒子扩散模型进行模拟计算[102]；②具有复杂建筑的街道尺度大气扩散模拟，使用计算流体力学工具（STAR-CCM＋）进行模拟计算；③SCK-CEN ^{41}Ar 场地实验，使用拉格朗日烟团模型进行模拟[166,178]。以上三个测试算例（test cases，TCs）依次被称为 TC1-3。网格系统在 TC1 和 TC2 算例中分别具有一维和三维的非均匀网格，如图 5.2 所示。TC2 中的网格由 STAR-CCM＋软件自适应生成，在建筑边缘极其小而不均匀，这加剧了剂量率计算的复杂度。TC3 算例中的网格是等距的。

在每个测试算例中，所提出的方法都和三维积分法、基于 FFT 的卷积法进行了比较。在卷积法中，所有非等距网格数据都先插值成等距网格数据再进行剂量率计算。

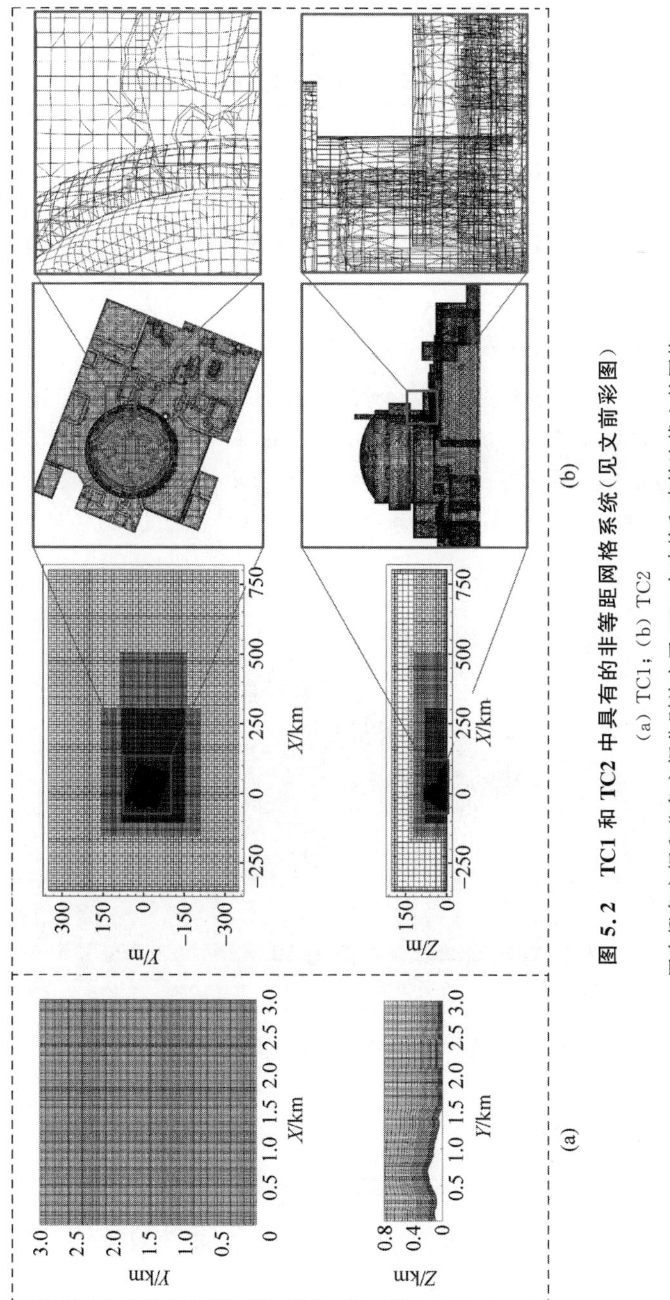

图 5.2　TC1 和 TC2 中具有的非等距网格系统（见文前彩图）

（a）TC1；（b）TC2

图中橙色方框和蓝色方框分别放大了 TC2 中建筑和建筑边缘上的网格

表 5-1 汇总了三个测试算例的特征，而下面几个小节更为详细地描述了算例的信息。

表 5-1 三个测试算例的特征汇总表

测试算例	算例特征	大气扩散模型	数据集
TC1：局地尺度模拟	复杂地形	拉格朗日粒子	模拟
TC2：街道尺度模拟	复杂建筑	CFD 湍流模型	模拟
TC3：^{41}Ar 场地实验	变换的风场	拉格朗日烟团	测量数据

5.3.1 TC1：具有复杂地形的局地尺度扩散模拟算例

此算例应用 MSS 模拟了一个混合场地的大气扩散。计算范围为 3 km×3 km×0.8 km，网格分辨率为 20 m×20 m×10 m。这个场地包含了平坦区域和复杂山区（如图 5.3 所示）。^{41}Ar 从 10 m 的高度以每秒 10^4 个粒子释放，来模拟 10^{14} Bq/h 的放射性意外释放。初始风场输入为 6 m/s 的北风。

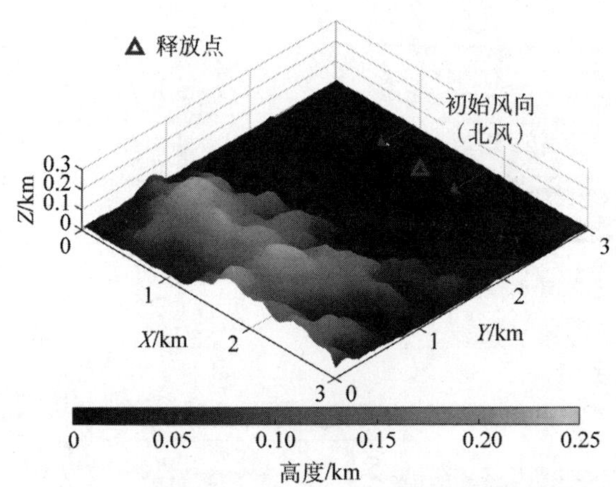

图 5.3 算例 TC1 中的复杂地形图（见文前彩图）

5.3.2 TC2：具有复杂建筑的街道尺度扩散模拟算例

此算例应用 STAR-CCM+软件模拟福清核电厂址的大气扩散。算例包含了一个平坦的区域以及一个简单但是十分精细的核岛建筑（福清核电站 5 号机组）。计算域范围为 1.15 km×0.7 km×0.2 km（图 5.4），计算网格数大约为 9×10^5，网格尺寸范围为 0.25～30 m。从 76 m 高的烟囱以

0.1 kg/s 的释放率模拟^{41}Ar以 1 Bq/s 速度的意外释放。输入的风速为 4.76 m/s,风向为 NNE 方向,即 $X+$方向。以上气象数据从福清站点收集得到,风速为年平均风速,风向为年主导风向。而根据实际情况,整个实验周期内的大气稳定度都是中性的。

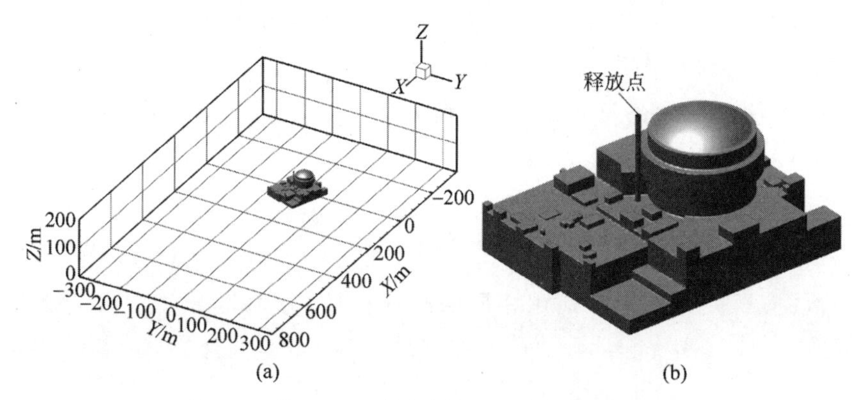

图 5.4　算例 TC2 中的计算域和详细的建筑信息

(a) 计算域;(b) 缩放至建筑

5.3.3　TC3:SCE-CEN ^{41}Ar 场地实验

此算例应用 RIMPUFF 模拟 SCK-CEN 场地实验,并使用修正过的 Karlsruhe-Julich 扩散系数。此算例的计算域为 3 km×2.5 km×0.7 km,网格分辨率是 10 m×10 m×10 m,^{41}Ar 以 1.5×10^{11} Bq/h 的速率从高度为 60 m 的高架上释放出来。释放点和测量点位置以及其他的一些设置可见 4.3.4 节。

5.3.4　计算参数

剂量计算时,^{41}Ar 的物理参数与第 4 章中所用一致,射线能量 $E_\gamma=1.294$ MeV,分支比 $f^n(E_\gamma)=99.2\%$[169],线性衰减系数 $\mu=7.24\times10^{-3}$ m^{-1},线性能量吸收系数 $\mu_a=2.05\times10^{-3}$ m^{-1}[170],有效剂量和空气吸收剂量的比例因子 $\omega=7.35\times10^{-1}$ Sv/Gy[163],剂量计算的积分体积为整个计算域。对于所提出的方法,参数设置如下:窗函数的长度 $m=2$;光滑程度 $p=2$;近场校正范围,TC1 和 TC3 中 $a=0.0145\times\max(d)$,TC2 中 $a=0.008\times$

max(d)。对于基于 FFT 的卷积法，非等距的数据先插值到等距网格上，再进行剂量计算。由于线性插值和邻近插值最终结果相差无几，但线性插值计算速度很慢[179]。因此，此算例应用邻近插值方法来完成插值操作。三个测试算例中，最小的网格尺寸分别为 10 m，0.25 m 和 10 m。为了更好地保留剧烈变化的浓度分布，下列插值尺寸分别被应用到 TC1 至 TC3 中：10 m×10 m×10 m，5 m×5 m×5 m 和 10 m×10 m×10 m。上述三个插值尺寸，仅 TC2 中的尺寸高于实际最小网格，这是由于 0.25 m 网格具有极高的计算代价，而更高的分辨率对最终剂量计算结果不会有太大改进。

5.3.5　剂量计算的统计评估方法

本章研究和第 4 章使用相同的统计指标，分别为 FAC2，FB，NMSE 和 PCC[158]。

5.4　结果与讨论

5.4.1　TC1：具有复杂地形的局地尺度扩散模拟结果

图 5.5 比较了 TC1 中插值前后的浓度场和质量场。图中三行分别是具有最大放射性活度的最低三层的浓度和质量，高度分别为地上 0 m，10 m 和 20 m。最左侧的两列说明插值对浓度影响不大，只是使插值后的浓度更平滑了。然而，从右侧的两列来看，插值操作减少了高质量区的范围。这是因为插值从一个网格将质量分散到周围几个邻近的插值网格中。此外，插值操作也使得浓度和质量的分布更加不光滑。

图 5.6 比较了与图 5.5 中相同三层的水平剂量率场分布。三维积分法、基于 FFT 的卷积法和所提出的 NFFT 法在中低剂量率区(低于 0.1 mSv/h)都是相似的。然而，三种方法在高剂量率区(高于 0.2 mSv/h)的表现有明显不同。卷积法预测的高剂量率区在所有三层剂量率上都显著小于三维积分法，这是插值导致的质量分散效应造成的结果。质量分散效应潜在地增加了放射性源到计算点位的距离。由于伽马剂量率会随距离急剧衰减，质量分散到邻近插值网格就会导致计算点位置的质量下降，从而导致结果的低估现象。相比之下，NFFT 法并不会受到这种影响，其结果和三维积分法结果在整个计算域都具有很好的一致性。

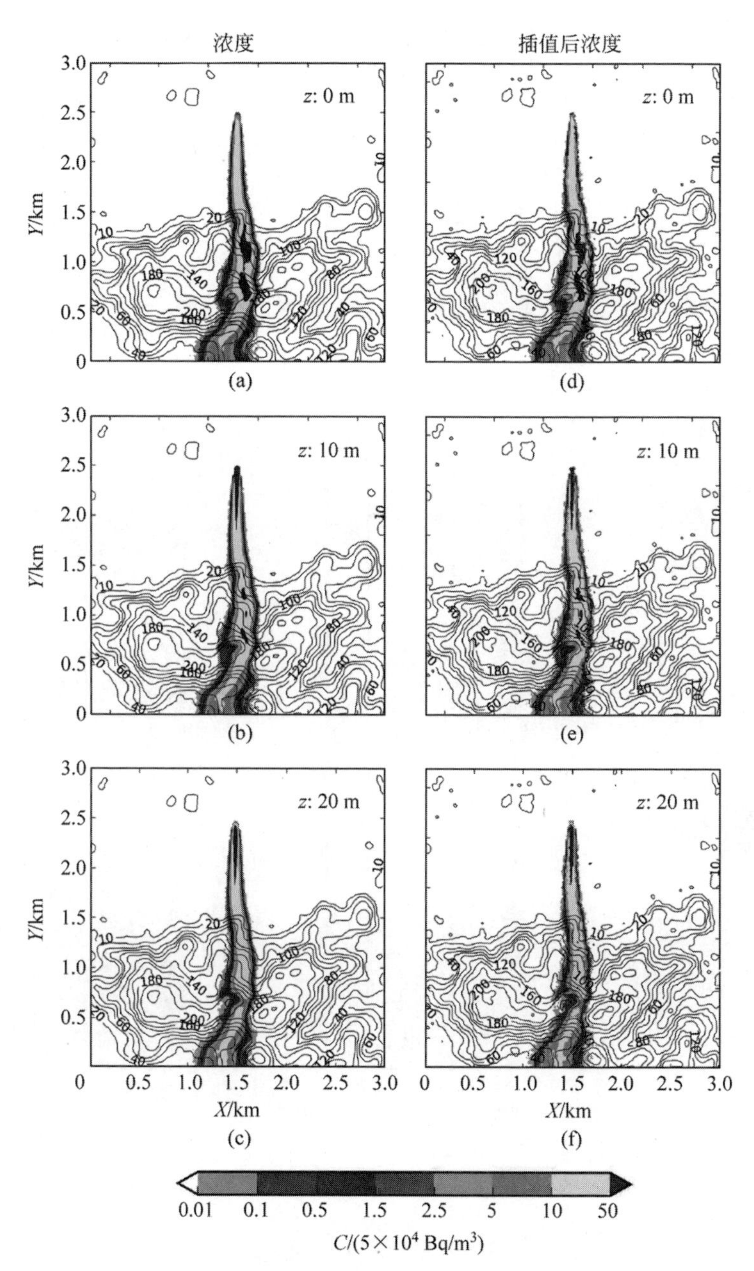

图 5.5　TC1 中最低三层的水平浓度分布和质量分布(见文前彩图)

(a)～(c) 浓度分布；(d)～(f) 插值后浓度分布；

(g)～(i) 质量分布；(j)～(l) 插值后质量分布

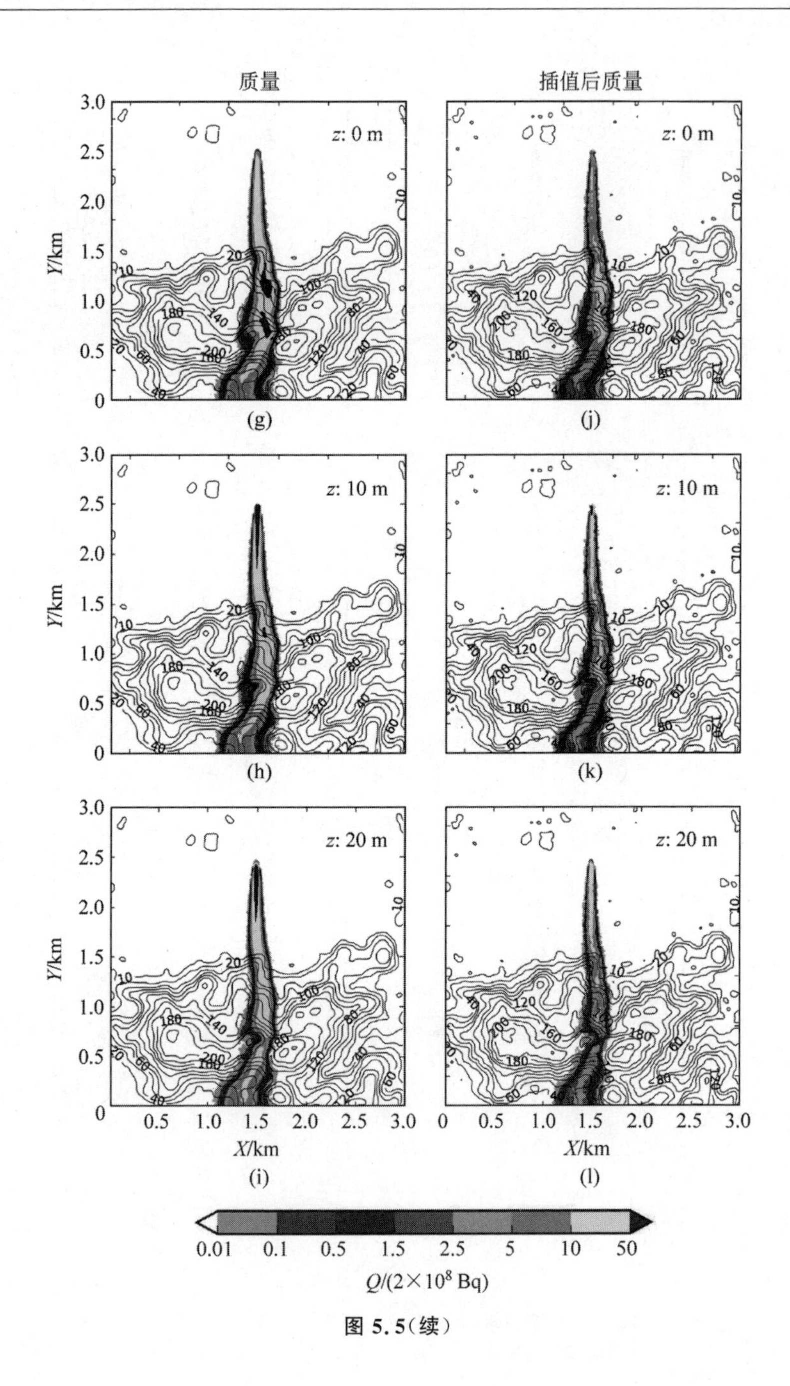
质量
插值后质量
z: 0 m
z: 10 m
z: 20 m
Y/km
X/km
(g)
(h)
(i)
(j)
(k)
(l)
0.01
0.1
0.5
1.5
2.5
5
10
50
Q/(2×10^8 Bq)

图 5.5(续)

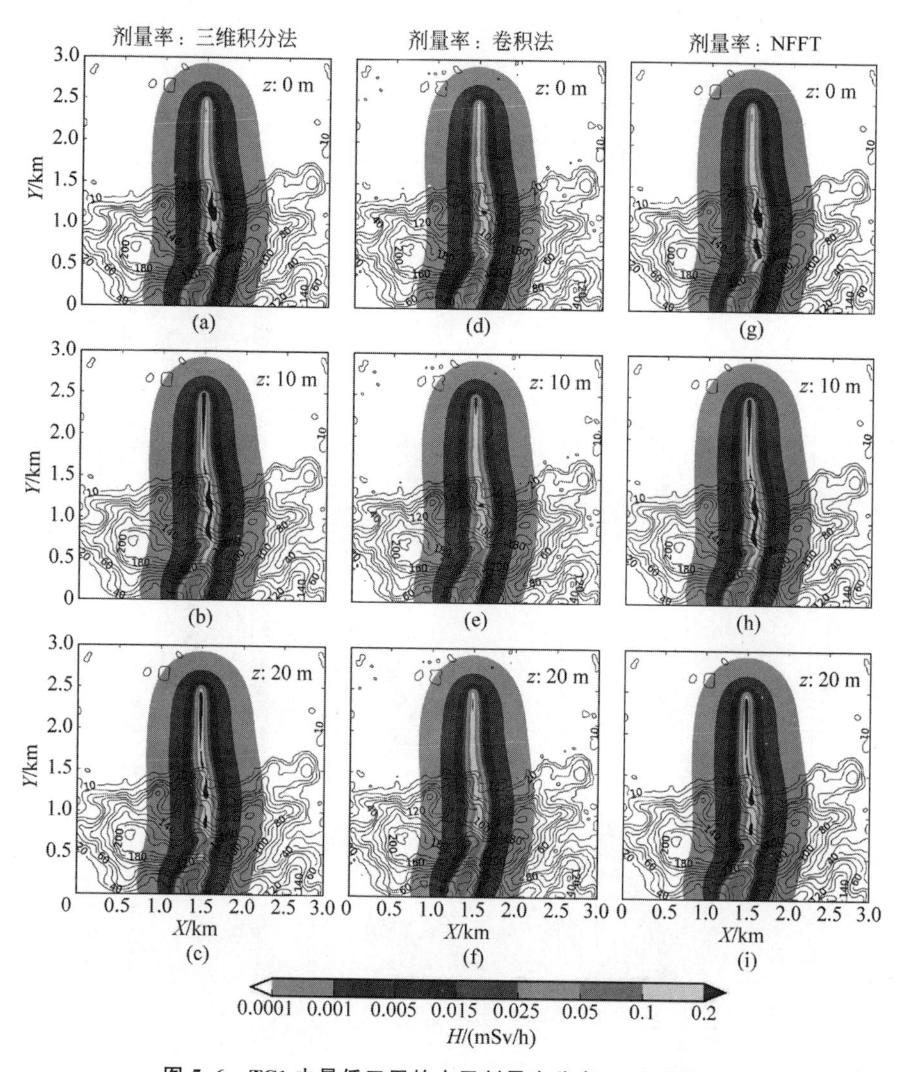

图 5.6 TC1 中最低三层的水平剂量率分布(见文前彩图)

从左至右的三列分别为由三维积分法、卷积法和 NFFT 法计算得到的剂量率分布

图 5.7 对比了两个垂直层插值前后的浓度和质量分布，垂直层位于图 5.7(a)和(b)中的红线($x=1.5$ km 和 $x=1.56$ km)位置。插值后的浓度(图 5.7(e)和(f))和原非等距网格数据十分接近(图 5.7(c)和(d))。而插值前后的质量分布对比类似于水平方向，由于插值的分散效应减少了高质量区的范围(图 5.7(g)～(j))。

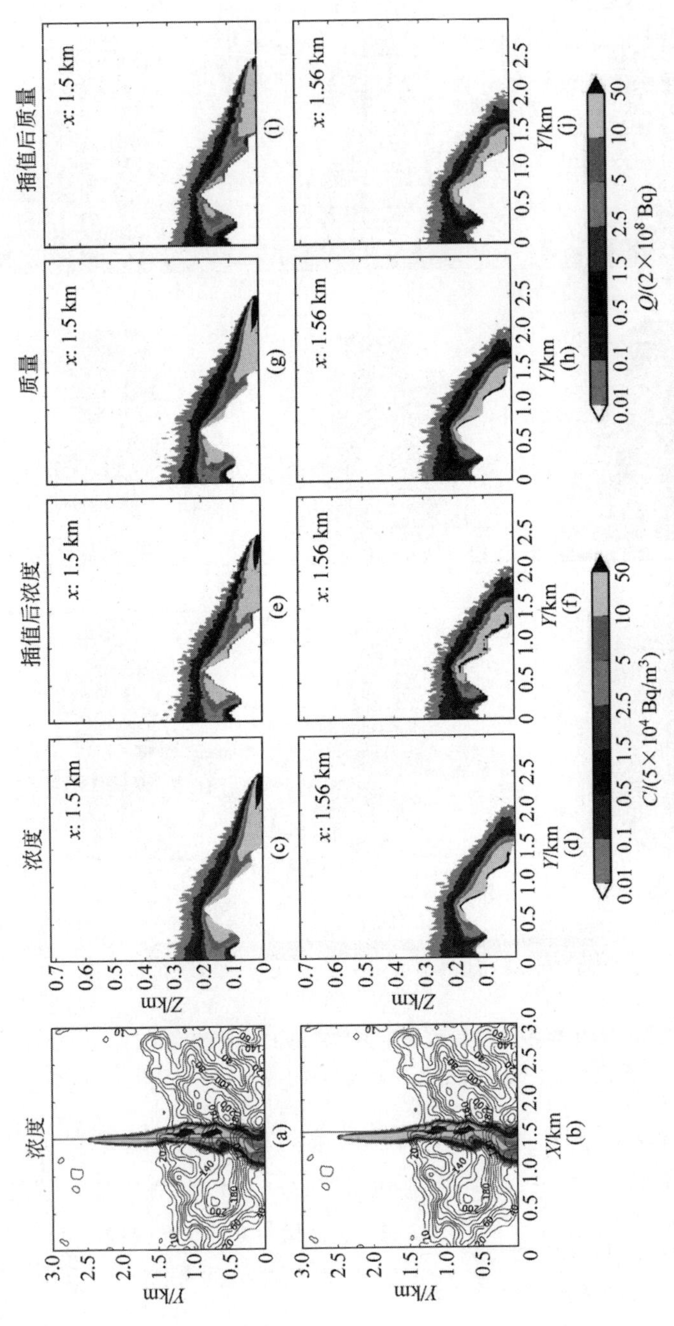

图 5.7 TC1 中两个垂直层的插值前后浓度和质量的对比（见文前彩图）

(a)，(b) 水平浓度分布，红线位置为垂直层所在的地面位置；(c)，(d) 浓度分布；(e)，(f) 插值后浓度分布；(g)，(h) 质量分布；(i)，(j) 插值后质量分布

而对于垂直层的剂量率分布，卷积法和三维积分法预测结果在剂量率低于 0.05 mSv/h 的区域具有较高的一致性。如图 5.8 的第一行所示，对于第一个垂直层，卷积法既没有充分预测释放点附近的高剂量区（>0.2 mSv/h），也没有充分预测山区的中剂量区（0.1 mSv/h<H<0.2 mSv/h）。对于第二个垂直层，如图 5.8 的第二行所示，卷积法相当大程度地低估了山区的高剂量区（>0.2 mSv/h）。相比之下，所提出的 NFFT 法的预测在整个计算域上都和三维积分法相吻合（图 5.8 的第一列和第三列）。

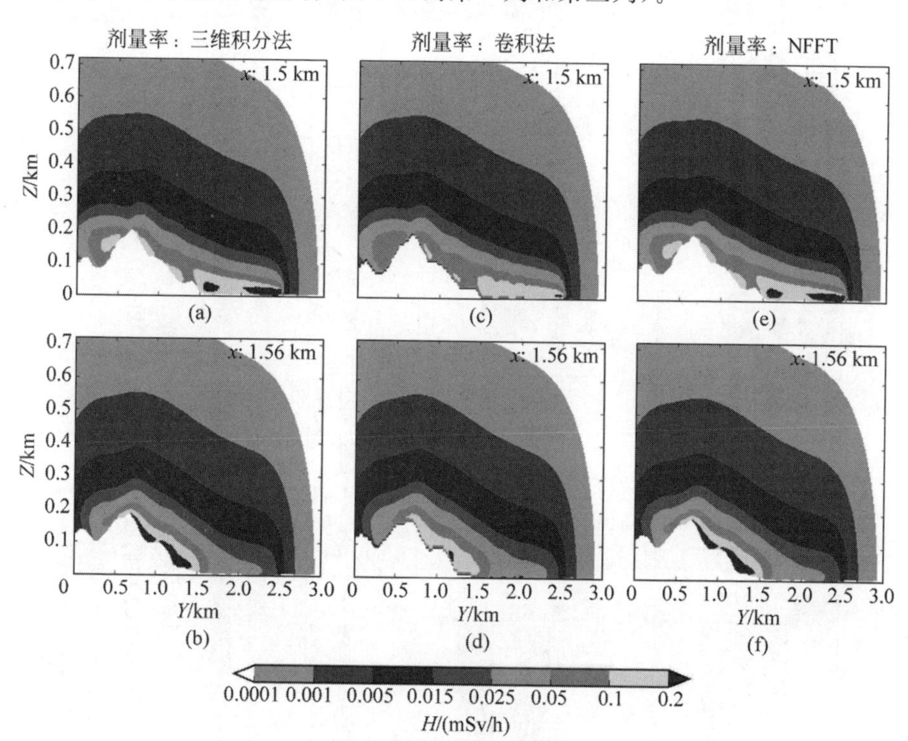

图 5.8　TC1 中两个垂直层的伽马剂量率分布（见文前彩图）

从左至右的三列分别为由三维积分法、卷积法和 NFFT 法计算得到的剂量率分布

5.4.2　TC2：具有复杂建筑的街道尺度扩散模拟结果

图 5.9 比较了 TC2 中两个水平层（x=0 m 和 x=76 m）和一个垂直层（y=0 m）插值前后的浓度和质量。插值后的浓度基本和原浓度相吻合，但是在高浓度区的边缘有一定高估（如图 5.9(a)～(f)中的箭头和虚线圆框所示）。

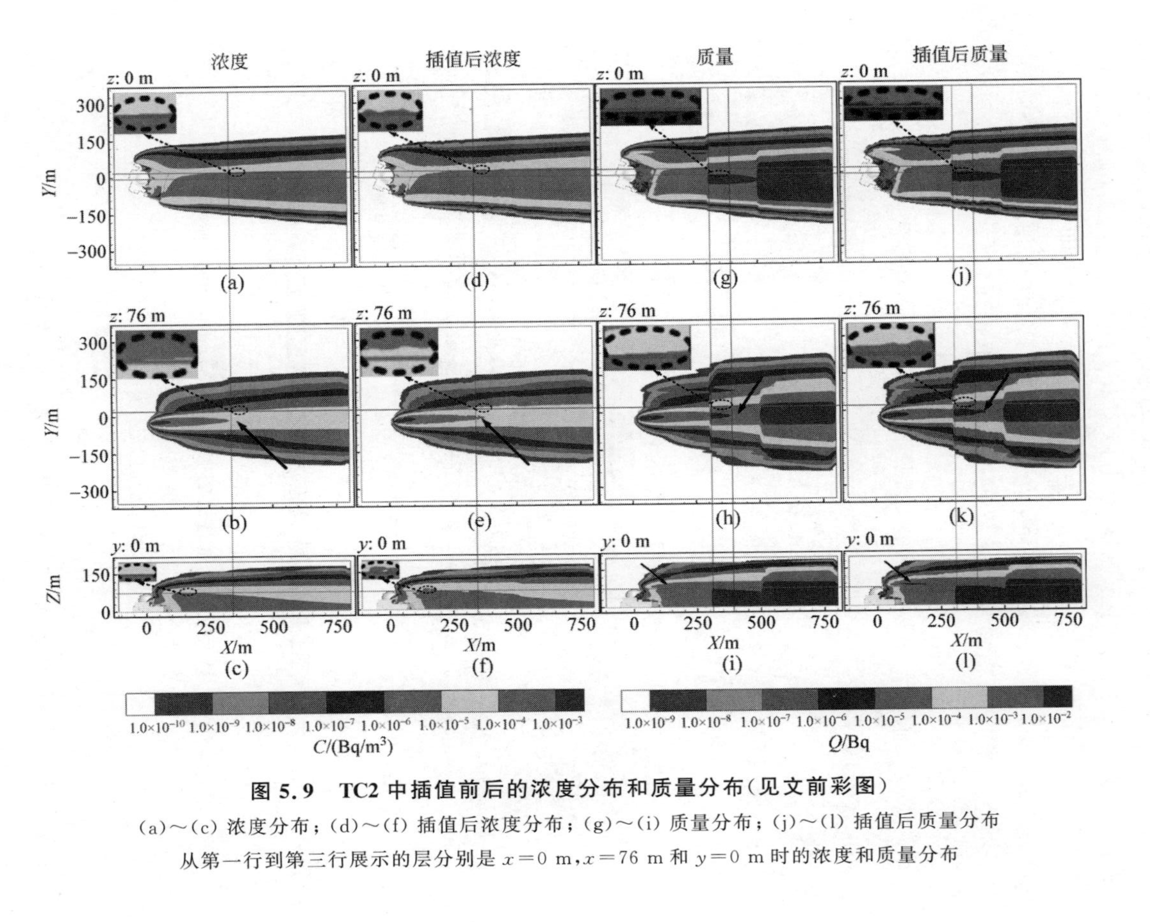

图 5.9 TC2 中插值前后的浓度分布和质量分布（见文前彩图）

(a)～(c) 浓度分布；(d)～(f) 插值后浓度分布；(g)～(i) 质量分布；(j)～(l) 插值后质量分布

从第一行到第三行展示的层分别是 $x=0$ m，$x=76$ m 和 $y=0$ m 时的浓度和质量分布同样，插值高估了相应区域的质量场，尤其是在垂直层上（如图 5.9(g)～(l)中的箭头和虚线圆框所示）。TC2 中插值导致的高估行为与 TC1 中完全不同，因为 TC2 中大多数的浓度是从更精细的网格往稀疏的网格上插值。在这个算例中，高浓度区可能会潜在地被扩展到邻近区域，从而导致图 5.9 所示的高估。因此，插值导致的误差是网格相关的，不同网格系统由插值造成的不同后果需要进一步的注意。

图 5.10 比较了三个层面和建筑表面的剂量率分布。三维积分法、卷积法和所提出的 NFFT 法在中低剂量率区（低于 4.0×10^{-12} mSv/h）有类似的表现。然而，相比于三维积分法，卷积法在三个层面上都高估了高剂量率区（如图 5.10(e)～(g)中的虚线圆圈所示）。而 NFFT 法的结果在高剂量率区和三维积分法结果保持高度一致。在建筑表面，卷积法的高估行为更为明显，而 NFFT 法和三维积分法的结果依旧保持高度一致。卷积法预测剂量率的高估行为源自浓度插值的高估偏差（图 5.9）。因此，在具有高度复杂网格的情况下，想提高卷积法的精度，必须根据实际网格分布仔细调整插值方法。

5.4.3　TC3：^{41}Ar 场地实验算例结果

图 5.11 展示了 TC3 中卷积法和 NFFT 法剂量率预测结果对比散点图。所有的点都位于 1∶1 线上，表明卷积法和 NFFT 法在均匀网格算例中是等效的。由于卷积法比列表法具有更优的预测表现（见第 4 章），因此 NFFT 法同样优于列表法。

表 5-2 汇总了 TC3 中列表法、卷积法和 NFFT 法剂量率结果的统计指标。对于卷积法和 NFFT 法，所有指标几乎相同，从而确认了它们在等距网格系统上的等效性。卷积法和 NFFT 法预测结果的 FB 比列表法的 FB 小一个数量级，表明低估程度更加轻微。此外，卷积法和 NFFT 法的 NMSE 仅是列表法的一半。就 PCC 和 FAC2 而言，这三种方法的结果比较接近。这些定量指标表明，通过卷积法和 NFFT 法可以改善剂量率预测。

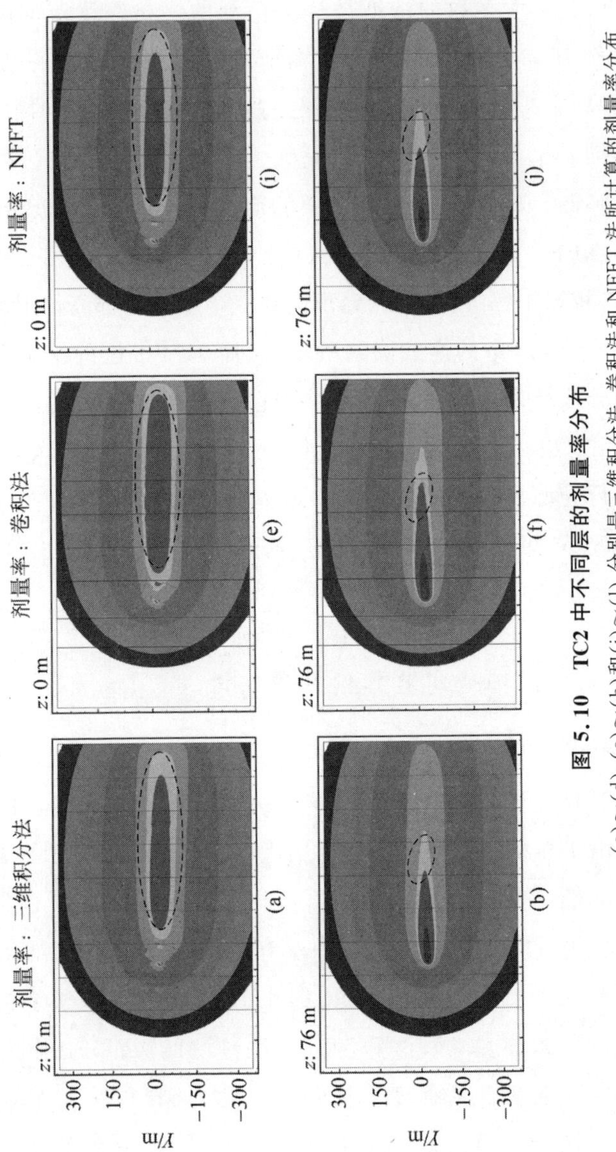

图 5.10　TC2 中不同层的剂量率分布

(a)～(d)，(e)～(h)和(i)～(l) 分别是三维积分法、卷积法和 NFFT 法所计算的剂量率分布

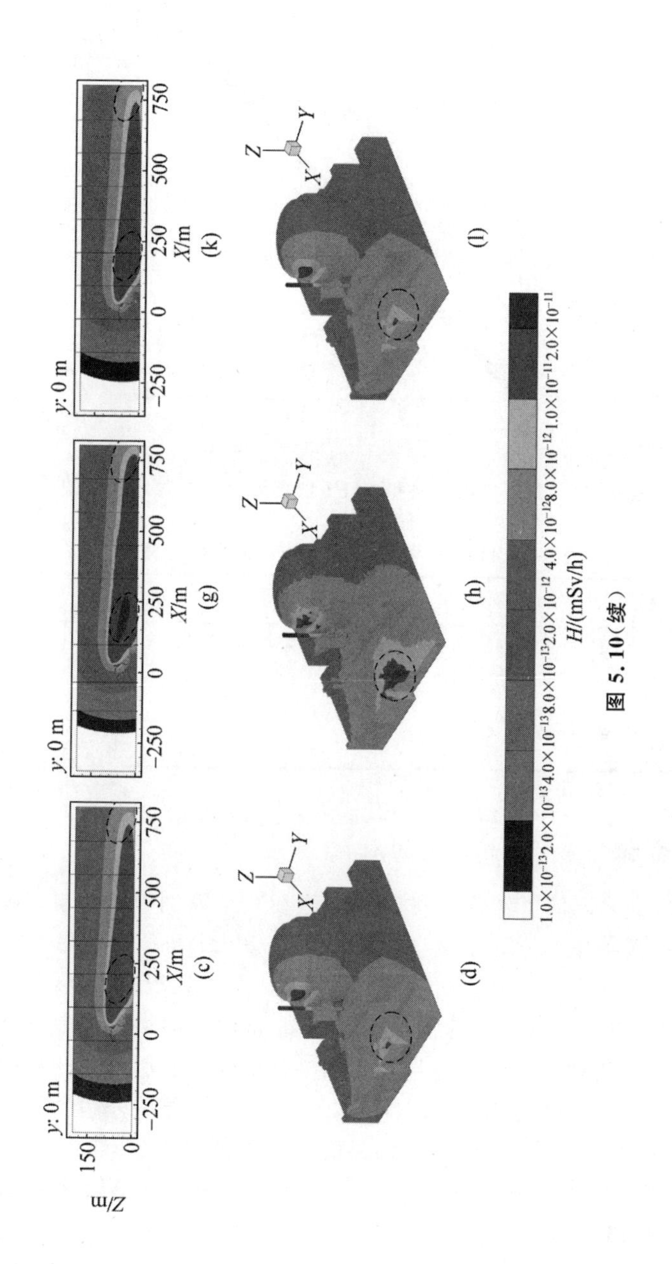
y: 0 m
Z/m
150
0
−250
0
250
500
750
X/m
(c)
(d)
(g)
(h)
(k)
(l)
Z
Y
X
1.0×10⁻¹³ 2.0×10⁻¹³ 4.0×10⁻¹³ 8.0×10⁻¹³ 2.0×10⁻¹² 4.0×10⁻¹² 8.0×10⁻¹² 1.0×10⁻¹¹ 2.0×10⁻¹¹
H/(mSv/h)

图 5.10（续）

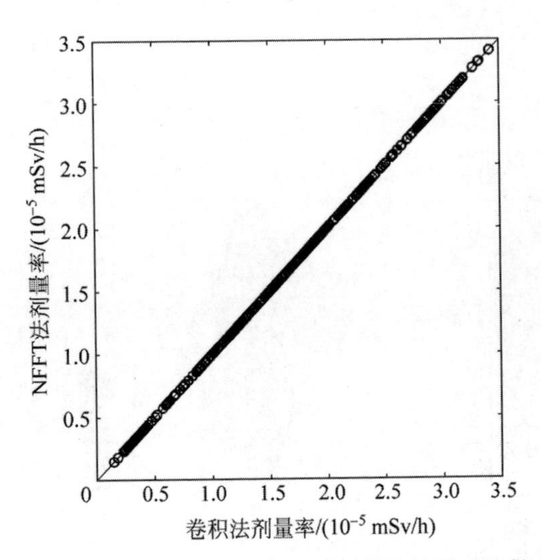

图 5.11 TC3 中卷积法和 NFFT 法剂量率结果对比散点图

表 5-2 列表法、卷积法和 NFFT 法的统计表现

统计指标	列表法	卷积法	NFFT
FB	3.94×10^{-1}	4.43×10^{-2}	4.47×10^{-2}
NMSE	5.59×10^{-1}	3.02×10^{-1}	3.02×10^{-1}
PCC	6.99×10^{-1}	6.96×10^{-1}	6.96×10^{-1}
FAC2	7.21×10^{-1}	7.31×10^{-1}	7.32×10^{-1}

5.4.4 卷积法和 NFFT 法的对比

表 5-3 量化评估了卷积法和 NFFT 法在三个算例中相对于三维积分法的表现。完美的 FAC2 和 PCC、极其低的 FB 和 NMSE 都证明了 NFFT 法的结果和三维积分法一致，和网格系统无关。至于卷积法，其在具有一维非均匀网格的 TC1 中表现劣于其在具有三维非均匀网格的 TC2 中的表现。这可能是因为从稀疏的网格往精细的网格插值时（TC1）会在计算中引入比相反情况（TC2）下更大的不确定性。NFFT 法比三维积分法的计算速度在 TC1 和 TC2 时分别快了 141 倍和 68 倍。而两者的计算速度在计算点很少（只有 4 个点）的 TC3 中基本一致。尽管加速倍数和网格系统及网格数量有关，实际和理论的加速倍数（如图 5.1 所示）依旧比较接近。卷积法的计算速度当然比 NFFT 法要更快，但是其计算时存在会损失精度的插值操作。例如，卷积法在 TC2 中的网格分辨率比原最小网格大了 40 倍，如果将

网格插值到和原最小网格一样大，计算代价是不可接受的。相比之下，NFFT 法具有和原输入网格相同的精度。因此，NFFT 法可以作为一个稳定的工具服务于风场、浓度场和剂量场的对比分析。

表 5-3 卷积法和 NFFT 法相比于三维积分法的精确度统计表

	TC1		TC2		TC3	
	卷积法	NFFT	卷积法	NFFT	卷积法	NFFT
FAC2	0.975	0.999	0.991	1	1	1
PCC	0.988	1.000	0.992	1	1	1
FB	0.200	-1.77×10^{-4}	−0.0580	-1.24×10^{-4}	-6.01×10^{-4}	-7.85×10^{-5}
NMSE	0.119	1.46×10^{-7}	0.0134	4.24×10^{-7}	1.18×10^{-5}	1.90×10^{-8}

5.5 小 结

本章研究提出一种通用、精确和快速的三维非等距网格剂量率场计算方法。所提出方法将伽马剂量率的三维积分分成两部分：①基于正则化光滑函数的三维卷积；②近场校正项。第一项可以应用 NFFT 技术来加快计算，而第二项仅包含较少的计算点。根据实际算例，计算速度可以提升 68～142 倍。此外，所提出的方法还被应用于不同的算例来验证其有效性，包括具有复杂地形或复杂建筑的大气扩散模拟和 SCK-CEN 场地实验。验证结果表明，所提出的 NFFT 法在所有算例中都完全等价于三维积分法，和算例的网格系统无关。而第 4 章提出的卷积法的精确度和插值方法的精确度有很高的相关性。本章所提出的方法除了可以很好地用于非等距三维剂量率场的计算，还可以为高度复杂网格上的风场、放射性核素浓度和剂量率的联合分析提供支持。

第6章　结论与展望

6.1　工作总结

发生核事故后,准确评估气载放射性核素的辐射风险对于核应急决策的制定具有十分重要的意义。本书总结了当前气载放射性核素的浓度分布预测、源项反演预测和辐射剂量率场预测研究的优缺点,对MSS模型进行了复杂核电厂址下的系统验证和敏感性分析,提出了一种同步源项估计和模型偏差校正的联合估计方法,两种通用、精确和快速的三维剂量率场计算方法。上述提出的方法在多场景下进行了详细验证和敏感性分析,其性能在验证中得到了良好的体现。本书的主要研究工作总结如下:

(1) 针对具有复杂地形和高密度建筑的国内典型核电厂址,收集二维地面和代表性点位垂向分布的风场和浓度场数据,对快速风场诊断和拉格朗日粒子扩散耦合模型和MSS模型进行了三维风场和浓度场预测能力的系统性验证和充分敏感性分析。验证结果表明,MSS预测的地面风场和浓度场与风洞实验中的测量值具有较好的一致性。而在垂直分布方面,MSS预测的风和浓度受到测量点位地形或建筑的影响,显示出一致的趋势。此外,针对MSS模型对每时间步释放粒子数、湍流强度下限、水平和垂直网格分辨率的敏感性进行了分析。敏感性分析结果表明,当每时间步释放10 000个粒子时(10 000/(10 s)),MSS在精度和速度之间实现了良好的平衡。湍流强度下限如果按照MSS的默认值,则可能会引起烟羽混合不充分和烟羽宽度过窄。所以,在实际应用中,工作人员应根据实际厂址情况,对该参数进行调整。过于精细的水平和垂直分辨率会在地形急剧变化的位置形成异常现象,即模型收敛性受到一定影响。如果降低分辨率,可以消除此类异常现象,但是过低的分辨率会导致浓度分布的细节缺失。在类似的场景中,推荐MSS的水平分辨率为100 m,垂直分辨率为10 m。通过以上研究工作,验证了MSS在复杂地形和高密度建筑下扩散的有效性,并为MSS在此类厂址中的参数设置提供了参考。

(2) 针对模型偏差难以避免的难点，提出同步源项预测和模型偏差校正的联合估计方法。所提出的方法使用系数矩阵来量化每次测量的确定性偏差和随机性偏差的组合效果，比以前的方法更完整。基于国内典型厂址的风洞实验数据，对联合估计方法进行全测量验证和独立验证，并和传统估计方法的预测进行了比较。验证结果表明，联合估计方法相比于传统方法，不仅在源项预测方面性能更好，还因为有效校正了模型偏差，得到了更好的浓度分布预测结果。此外，针对联合估计方法，对测量的位置、数量和质量以及不同中心估计方法进行了敏感性分析。敏感性分析表明，所提出的方法相对于传统估计方法有对测量位置不敏感的优势，并且在较广泛范围内的测量数量和质量输入中也具有较低的误差，更可以使用其他的中心估计方法进行扩展。这些中心估计方法可以将模型的统计特征和测量结果合并到联合估计方法当中。因此，即使多种因素存在很大的不确定性，联合估计方法也能为源项反演提供灵活的框架和稳定的预测，这有助于反演算法在实际核事故中的应用。

(3) 针对大气扩散和剂量模型的模型情景与数值假设的不匹配现象，本书提出了一种通用、精确和快速的三维剂量率场计算方法。所提出的基于 FFT 的卷积法将剂量率计算中的三维积分函数重构为卷积函数，并且通过应用 FFT 技术加快卷积计算，将计算成本降低了几个数量级。该方法源于三维积分法，不依赖于任何的假设和近似，所以两者的精度完全等同。但是由于所提出方法应用了 FFT 技术，将计算复杂度从三维积分方法的 $O(N^2)$降低到 $O(N\log_2 N)$，极大地提高了计算效率。并且随着计算网格数的增加，所提出方法的加速效果也会越来越明显。此外，卷积法还提供了一种新的面向受体的剂量率计算方法，可以考虑各种受体特性，例如，不同的三维配置和空间响应。为了验证所提出的方法，将其和多种大气扩散模型结合，在不同的算例情形下进行计算。验证结果表明，无论大气扩散模型或放射性核素分布多么复杂，所提出的方法的精度都等同于三维积分法。并且，针对 SCK-CEN ^{41}Ar 场地实验的验证表明，所提出方法在峰值预测和统计指标上均优于 RIMPUFF 模型中内嵌的列表法。除了高精确度外，该方法在实际应用中计算 10^6 的网格数量时，计算速度相比于三维积分法提高了约 10^5 倍，极大提升了计算速度。鉴于所提出方法的高精确度和高计算速度，该方法可以有效联通精细三维大气放射性核素扩散模型和辐射剂量率场，进行相应的生物危害评估；更可以有效运用于核事故后果评价系统，提供精确快速的剂量率后果评价。

(4) 针对精细化扩散模型具有的非等距网格系统进行精确剂量率场计算的难点，本书提出另一种适用于非等距核素分布的通用、精确和快速的三维剂量率场计算方法。该方法有效避免了基于 FFT 的卷积法(仅能运用在等距网格中)的插值误差。该方法将剂量率的三维积分计算分成基于正则化光滑函数的三维卷积和近场校正项。前一项可以应用 NFFT 技术来加快计算，而后一项仅包含少量的计算点，以此来提高计算速度。根据实际应用场景测试，在网格点数约为 10^6 个时，计算速度可以提升约 2 个量级。此外，本研究将所提出方法应用于不同的三维网格系统，包括 MSS 模型产生的一维随地非等距网格、CFD 湍流模型产生的三维自适应非等距网格和拉格朗日烟团模型产生的等距网格。验证结果表明，所提出的方法在所有算例中均完全等价于三维积分法，和不同算例的网格系统完全无关。而本书第 4 章所提出的基于 FFT 的卷积法的精确度和插值方法的精确度以及网格复杂度密切相关。所提出方法除了可以很好运用于剂量率计算外，还可以为高度复杂网格上的风场、放射性物质浓度分布和剂量率分布的联合分析提供支持。

6.2 创 新 点

本书的研究阐明了工况缺失与复杂环境条件下，辐射预测不确定性的来源和特点，建立了对应的量化模型和校正方法，提供了一套验证充分、稳健精确的放射性风险预测理论框架，提高了核事故应急后果评价系统的预测效果，满足了严重核事故与先进堆的核应急需求。目前，所提出的方法已在国家核应急辅助决策技术支持中心、中国核电工程有限公司得到应用。

本书的主要创新点包括：

(1) 阐明了 MSS 模型在复杂地形和高密度建筑核电厂址的预测行为特点和对不同参数的敏感性，获得了一套适用于此类场景的优化参数，为该模型应用于核事故后果评价提供了前提条件。

(2) 提出了同步源项预测和模型偏差校正的联合估计方法，有效校正了不可避免的大气扩散模型偏差，并显著提高了源项估计的准确性，偏差仅为传统方法的 1/4。即使多种因素存在很大不确定性，该方法依旧能稳健地反演源项，为复杂场景下的源项反演提供了稳健灵活的框架。

(3) 提出了一种超快速的环境三维剂量率场计算方法，可在保持准确性和通用性的同时，将计算速度提升数个量级。在网格数为 10^6 时，该方法相对于三维积分法,能提高约 10^5 倍的计算速度,计算用时仅约 1 s,满足了核事故应急的时效性要求,为厂区事故缓解提供了全新的剂量分析工具。

(4) 提出了一种适用于非等距网格的环境快速三维剂量率场计算方法,有效承接精细扩散模型的非均匀浓度场,计算非均匀网格点的剂量率。该方法有效避免了使用基于 FFT 的卷积法产生的插值误差,并且相对于三维积分法,稳定提升约 2 个量级的计算速度。该方法能满足先进核设施的厂区精细剂量场计算,为先进堆的核应急简化提供技术支持。

6.3 展　　望

本书针对 MSS 模型,在风洞实验中进行了系统验证和敏感性分析。并针对源项反演工作中不可避免的模型偏差,提出了联合估计方法,同样在风洞实验中得到了验证。最后提出了两种通用、精确和快速的三维剂量率场计算方法,极大地提升了三维剂量率场计算速度。基于本书已有的研究工作,未来可以在以下方面开展更深入的研究工作:

(1) 针对 MSS 模型,对其在真实核事故下的应用进行研究,并修正或增加干湿沉降和放射性衰变等模块,提升其在核事故下的有效性。此外,MSS 模型在小尺度范围内的表现也值得进行研究。

(2) 针对联合估计方法,结合更多的放射性核素扩散模型,开展真实核事故场景下的研究工作,充分验证其有效性和通用性。

(3) 所提出的两种剂量率场计算方法在真实核事故场景下的应用研究。可针对福岛核事故,使用 MSS 模型模拟近场扩散,并采用所提出的剂量率场计算方法计算剂量率,结合近场剂量率监测数据,采用联合估计方法进行源项反演。

(4) 针对三维剂量率场开展区域建筑物及大型山体的屏蔽影响研究。

参考文献

[1] International Atomic Energy Agency. The database on nuclear power reactors: Under construction reactors[EB/OL]. (2020-04-15)[2020-04-16]. https://pris.iaea.org/PRIS/WorldStatistics/UnderConstructionReactorsByCountry.aspx.

[2] International Atomic Energy Agency. The database on nuclear power reactors: Operational & long-term shutdown reactors [EB/OL]. (2020-04-15)[2020-04-16]. https://pris.iaea.org/PRIS/WorldStatistics/OperationalReactorsByCountry.aspx.

[3] McKenna T J, Martin J A, Miller C W, et al. Pilot program: NRC severe reactor accident incident response training manual: Severe reactor accident overview (NUREG-1210-Vol. 2)[R]. U. S. Nuclear Regulatory Commission, 1987.

[4] Zhao Y, Zhang L, Tong J. Development of rapid atmospheric source term estimation system for AP1000 nuclear power plant[J]. Progress in Nuclear Energy, 2015, 81: 264-275.

[5] Cheng Y-H, Shih C, Jiang S-C, et al. Development of accident dose consequences simulation software for nuclear emergency response applications[J]. Annals of Nuclear Energy, 2008, 35(5): 917-926.

[6] Winter D, Agator J M. Utilisation of the SESAME system for diagnosis and prognosis of plant status during an emergency in a French PWR[J]. Radiation Protection Dosimetry, 1997, 73(1): 273-276.

[7] McKenna T, Trefethen J, Gant K, et al. RTM-96: Response technical manual (NUREG/BR-0150)[R]. U. S. Nuclear Regulatory Commission, 1996.

[8] IAEA. Generic assessment procedures for determining protective actions during a reactor accident (IAEA-TECDOC-955) [R]. International Atomic Energy Agency, 1997.

[9] Ramsdell J V, Athey G F, Rishel J P. RASCAL 4: Description of models and methods, NUREG-1940[R]. U. S. Nuclear Regulatory Commission, 2012.

[10] 冯君懿，童节娟，曲静原. SESAME 源项分析程序的应用与研究[J]. 科技导报，2006，24：61-64.

[11] Summers R M, Cole R K J, Boucheron E A, et al. MELCOR 180: A computer code for nuclear reactor severe accident source term and risk assessment analyses [R]. U. S. Nuclear Regulatory Commission, 1991.

[12] TEPCO. Fukushima nuclear accident analysis report[R]. Tokyo Electric Power

Company, Inc. , 2012.

[13] 杨玲，岳会国，林权益，等. 对日本福岛核事故的应急响应及对中心应急准备工作的改进建议[J]. 核安全，2011(3)：33-38.

[14] Jeong H J, Kim E H, Suh K S, et al. Determination of the source rate released into the environment from a nuclear power plant [J]. Radiation Protection Dosimetry, 2005, 113(3): 308-313.

[15] Tsiouri V, Kovalets I V, Andronopoulos S, et al. Emission rate estimation through data assimilation of gamma dose measurements in a Lagrangian atmospheric dispersion model[J]. Radiation Protection Dosimetry, 2012, 148(1): 34-44.

[16] Davoine X, Bocquet M. Inverse modelling-based reconstruction of the Chernobyl source term available for long-range transport[J]. Atmospheric Chemistry and Physics, 2007, 7(6): 1549-1564.

[17] Bocquet M. Parameter-field estimation for atmospheric dispersion: application to the Chernobyl accident using 4D-Var[J]. Quarterly Journal of the Royal Meteorological Society, 2012, 138(664): 664-681.

[18] Rao K S. Source estimation methods for atmospheric dispersion [J]. Atmospheric Environment, 2007, 41(33): 6964-6973.

[19] Stohl A, Prata A J, Eckhardt S, et al. Determination of time-and height-resolved volcanic ash emissions and their use for quantitative ash dispersion modeling: the 2010 Eyjafjallajökull eruption[J]. Atmospheric Chemistry and Physics, 2011, 11: 4333-4351.

[20] Du Bois P B, Laguionie P, Boust D, et al. Estimation of marine source-term following Fukushima Dai-ichi accident[J]. Journal of Environmental Radioactivity, 2012, 114: 2-9.

[21] Estournel C, Bosc E, Bocquet M, et al. Assessment of the amount of cesium-137 released into the Pacific Ocean after the Fukushima accident and analysis of its dispersion in Japanese coastal waters[J]. Journal of Geophysical Research: Oceans, 2012, 117(C11).

[22] Kobayashi T, Nagai H, Chino M, et al. Source term estimation of atmospheric release due to the Fukushima Dai-ichi Nuclear Power Plant accident by atmospheric and oceanic dispersion simulations[J]. Journal of Nuclear Science and Technology, 2013, 50(3): 255-264.

[23] Terada H, Katata G, Chino M, et al. Atmospheric discharge and dispersion of radionuclides during the Fukushima Dai-ichi Nuclear Power Plant accident. Part II: Verification of the source term and analysis of regional-scale atmospheric dispersion[J]. Journal of Environmental Radioactivity, 2012, 112: 141-154.

[24] Winiarek V, Bocquet M, Duhanyan N, et al. Estimation of the caesium-137 source term from the Fukushima Daiichi nuclear power plant using a consistent

joint assimilation of air concentration and deposition observations [J]. Atmospheric Environment, 2014, 82: 268-279.

[25] Schoeppner M, Plastino W, Povinec P P, et al. Estimation of the time-dependent radioactive source-term from the Fukushima nuclear power plant accident using atmospheric transport modelling[J]. Journal of Environmental Radioactivity, 2012, 114(SI): 10-14.

[26] Chino M, Nakayama H, Nagai H, et al. Preliminary estimation of release amounts of ^{131}I and ^{137}Cs accidentally discharged from the Fukushima Daiichi nuclear power plant into the atmosphere[J]. Journal of Nuclear Science and Technology, 2012, 48(7): 1129-1134.

[27] Katata G, Ota M, Terada H, et al. Atmospheric discharge and dispersion of radionuclides during the Fukushima Dai-ichi nuclear power plant accident. Part I: Source term estimation and local-scale atmospheric dispersion in early phase of the accident[J]. Journal of Environmental Radioactivity, 2012, 109: 103-113.

[28] Stohl A, Seibert P, Wotawa G, et al. Xenon-133 and caesium-137 releases into the atmosphere from the Fukushima Dai-ichi nuclear power plant: determination of the source term, atmospheric dispersion, and deposition[J]. Atmospheric Chemistry and Physics, 2012, 12(5): 2313-2343.

[29] Winiarek V, Bocquet M, Saunier O, et al. Estimation of errors in the inverse modeling of accidental release of atmospheric pollutant: Application to the reconstruction of the cesium-137 and iodine-131 source terms from the Fukushima Daiichi power plant [J]. Journal of Geophysical Research: Atmospheres, 2012, 117(D5).

[30] Ma Y, Wang D, Tan W, et al. Proceedings of the 2012 20th International Conference on Nuclear Engineering and the ASME 2012 Power Conference: Assessing Sensitivity of Observations in Source Term Estimation for Nuclear Accidents[C]//American Society of Mechanical Engineers, 2012.

[31] Astrup P, Turcanu C, Puch R O, et al. Data assimilation in the early phase: Kalman filtering Rimpuff (Risø-R-1466(EN)) [R]. Risø National Laboratory, 2004.

[32] Singh S K, Sharan M, Issartel J-P. Inverse modelling methods for identifying unknown releases in emergency scenarios: an overview[J]. International Journal of Environment and Pollution, 2015, 57(1-2): 68-91.

[33] Ristic B, Skvortsov A, Walker A. Autonomous Search for a Diffusive Source in an Unknown Structured Environment[J]. Entropy, 2014, 16(2): 789-813.

[34] Li X, Li H, Liu Y, et al. Joint release rate estimation and measurement-by-measurement model correction for atmospheric radionuclide emission in nuclear accidents: An application to wind tunnel experiments[J]. Journal of Hazardous Materials, 2018, 345: 48-62.

[35] Sun S, Li X, Li H, et al. Site-specific (Multi-scenario) validation of ensemble Kalman fi lter-based source inversion through multi-direction wind tunnel experiments[J]. Journal of Environmental Radioactivity, 2019, 197: 90-100.

[36] Liu Y, Li H, Sun S, et al. Enhanced air dispersion modelling at a typical Chinese nuclear power plant site: Coupling RIMPUFF with two advanced diagnostic wind models[J]. Journal of Environmental Radioactivity, 2017, 175-176: 94-104.

[37] Fang S, Li H, Fang D, et al. The computation behavior of ARCON96 model and the comparison of ARCON96 and Gaussian Model in atmosphere relative concentration estimation[J]. Atomic Energy Science and Technology, 2012, 46 (B09): 617-622.

[38] Raza S S, Avila R, Cervantes J. A 3-D Lagrangian stochastic model for the meso-scale atmospheric dispersion applications [J]. Nuclear Engineering and Design, 2001, 208(1): 15-28.

[39] Camelli F E, Hanna S R, Löhner R. Proceedings of the Fifth Symposium on the Urban Environment: Simulation of the MUST field experiment using the FEFLO-urban CFD model[C]//American Meteorological Society, 2004.

[40] Ghermandi G, Fabbi S, Zaccanti M, et al. Micro-scale simulation of atmospheric emissions from power-plant stacks in the Po Valley [J]. Atmospheric Pollution Research, 2015, 6(3): 382-388.

[41] Benamrane Y, Wybo J-L, Armand P. Chernobyl and Fukushima nuclear accidents: what has changed in the use of atmospheric dispersion modeling? [J]. Journal of Environmental Radioactivity, 2013, 126: 239-252.

[42] IAEA. Actions to protect the public in an emergency due to severe conditions at a light water reactor [R]. International Atomic Energy Agency, 2013.

[43] 高卫华，姚仁太. RODOS/JRODOS的特点及其在德国核应急管理中的应用[J]. 辐射防护，2016，36(5)：297-306.

[44] 姚仁太，郝宏伟，胡二邦，等. RODOS系统中两种大气弥散模型链的比较[J]. 辐射防护，2003，23(3)：146-155.

[45] 王川，周昌，郑谦. 核事故后果评价与应急决策支持系统研究[J]. 核电子学与探测技术，2013，33(5)：647-651.

[46] Bradley M M. NARAC: an emergency response resource for predicting the atmospheric dispersion and assessing the consequences of airborne radionuclides [J]. Journal of Environmental Radioactivity, 2007, 96(1-3): 116-121.

[47] Terada H, Furuno A, Chino M. Improvement of worldwide version of system for prediction of environmental emergency dose information (WSPEEDI). I. New combination of models, atmospheric dynamic model MM5 and particle random walk model GEARN-new [J]. Journal of Nuclear Science and Technology, 2004, 41(5): 632-640.

[48] Terada H, Chino M. Improvement of worldwide version of system for prediction of environmental emergency dose information (WSPEEDI). Ⅱ. Evaluation of numerical models by 137Cs deposition due to the Chernobyl nuclear accident[J]. Journal of Nuclear Science and Technology, 2005, 42(7): 651-660.

[49] Sugiyama G, Nasstrom J S, Probanz B, et al. NARAC modeling during the response to the Fukushima Dai-ichi Nuclear power plant emergency[R]. U. S. Lawrence Livermore National Lab., 2012.

[50] Katata G, Chino M, Kobayashi T, et al. Detailed source term estimation of the atmospheric release for the Fukushima Daiichi Nuclear Power Station accident by coupling simulations of an atmospheric dispersion model with an improved deposition scheme and oceanic dispersion model[J]. Atmospheric Chemistry and Physics, 2015, 15(2): 1029-1070.

[51] Kovalets I, Andronopoulos S, Hofman R, et al. Advanced Source Inversion Module of the JRODOS System[G]. Pollutants from Energy Sources, 2019: 149-186.

[52] 朱月龙，沈根华，王贵良，等. 秦山核电应急决策支持系统开发与研究[J]. 科技视界，2016(15): 17-18.

[53] Eckerman K F, Ryman J C. External exposures to radionuclides in air; water; and soil exposure-to-dose coefficients for general application, based on the 1987 Federal Radiation Protection Guidance, Federal Guidance Report No. 12[R]. United States Environmental Protection Agency, 1993.

[54] Thykier-Nielsen S, Deme S, Mikkelsen T. Description of the atmospheric dispersion module RIMPUFF[R]. Risø National Laboratory, 1999.

[55] Li X, Xiong W, Hu X, et al. An accurate and ultrafast method for estimating three-dimensional radiological dose rate fields from arbitrary atmospheric radionuclide distributions[J]. Atmospheric Environment, 2019, 199: 143-154.

[56] Andronopoulos S, Bartzis J G. A gamma radiation dose calculation method for use with Lagrangian puff atmospheric dispersion models used in real-time emergency response systems[J]. Journal of Radiological Protection, 2010, 30(4): 747-759.

[57] Armand P, Achim P, Monfort M, et al. Proceedings of the 10th International Conference on Harmonisation within Atmospheric Dispersion Modelling for Regulatory Purposes: Simulation of the plume gamma exposure rate with 3D Lagrangian particle model SPRAY and post-processor CLOUD-SHINE[C]// 2005: 545-550.

[58] Rakesh P T, Venkatesan R, Hedde T, et al. Simulation of radioactive plume gamma dose over a complex terrain using Lagrangian particle dispersion model [J]. Journal of Environmental Radioactivity, 2015, 145: 30-39.

[59] Raza S S, Avila R, Cervantes J. A 3-D Lagrangian (Monte Carlo) method for direct plume gamma dose rate calculations[J]. Journal of Nuclear Science and Technology, 2001, 38(4): 254-260.

[60] Trini Castelli S, Armand P, Tinarelli G, et al. Validation of a Lagrangian particle dispersion model with wind tunnel and field experiments in urban environment[J]. Atmospheric Environment, 2018, 193: 273-289.

[61] Ehrhardt J, Pasler-Sauer J, Schule O, et al. Development of RODOS-a comprehensive decision support system for nuclear emergencies in Europe-an overview[J]. Radiation Protection Dosimetry, 1993, 50(2-4): 195-203.

[62] Rojas-Palma C, Madsen H, Gering F, et al. Data assimilation in the decision support system RODOS[J]. Radiation Protection Dosimetry, 2003, 104(1): 31-40.

[63] Chino M, Ishikawa H, Yamazawa H. SPEEDI and WSPEEDI: Japanese emergency response systems to predict radiological impacts in local and workplace areas due to a nuclear accident[J]. Radiation Protection Dosimetry, 1993, 50(2-4): 145-152.

[64] Sullivan T J, Ellis J S, Foster C S, et al. Atmospheric release advisory capability: Real-time modeling of airborne hazardous materials[J]. Buulletin of the American Meteorological Society, 1993, 74(12): 2343-2361.

[65] 牛文胜，孙振海. 大气扩散模式的简要回顾[J]. 气象科技，2000，28(2): 1-4.

[66] Chang J C, Franzese P, Chayantrakom K, et al. Evaluations of CALPUFF, HPAC, and VLSTRACK with two mesoscale field datasets[J]. Journal of Applied Meteorology, 2003, 42(4): 453-466.

[67] Amin ul H, Nadeem Q, Farooq A, et al. Assessment of Lagrangian particle dispersion model "LAPMOD" through short range field tracer test in complex terrain[J]. Journal of Environmental Radioactivity, 2019, 205-206: 34-41.

[68] Oldrini O, Armand P, Duchenne C, et al. Description and preliminary validation of the PMSS fast response parallel atmospheric flow and dispersion solver in complex built-up areas[J]. Environmental Fluid Mechanics, 2017, 17(5): 997-1014.

[69] Lagzi I, Kármán D, Turányi T, et al. Simulation of the dispersion of nuclear contamination using an adaptive Eulerian grid model[J]. Journal of Environmental Radioactivity, 2004, 75(1): 59-82.

[70] Kota S H, Ying Q, Zhang Y. Simulating near-road reactive dispersion of gaseous air pollutants using a three-dimensional Eulerian model[J]. Science of the Total Environment, 2013, 454-455: 348-357.

[71] Sofiev M, Vira J, Kouznetsov R, et al. Construction of the SILAM Eulerian atmospheric dispersion model based on the advection algorithm of Michael Galperin[J]. Geoscientific Model Development, 2015, 8(11): 3497-3522.

[72] Ding C，Lam K P. Data-driven model for cross ventilation potential in high-density cities based on coupled CFD simulation and machine learning[J]. Building and Environment，2019，165：106394.

[73] Chen Z，Xin J，Liu P. Air quality and thermal comfort analysis of kitchen environment with CFD simulation and experimental calibration[J]. Building and Environment，2020，172：106691.

[74] 黎岢，梁漫春，苏国锋. 基于 Gauss 烟团模型的大气扩散数据同化方法[J]. 清华大学学报（自然科学版），2018，58(11)：992-999.

[75] 宋英明，刘子朋，卢川，等. 核事故放射性气体扩散及辐射剂量模拟研究[J]. 核电子学与探测技术，2018(1)：20.

[76] 曹博，杨晔，陈义学. 放射性核素大气扩散程序 SDUG 的开发与初步验证[J]. 原子能科学技术，2013，47：472-476.

[77] Thykier-Nielsen S，Deme S，Láng E. Calculation method for gamma dose rates from Gaussian puffs[R]. Risø National Laboratory，1995.

[78] 蔡旭晖，康凌，陈家宜，等. 福建惠安沿海大气扩散特性的数值分析与模拟[J]. 气候与环境研究，2005，10(1)：63-71.

[79] 宁莎莎. 福岛核事故典型气载放射性核素的弥散及辐射剂量研究[D]. 上海：上海交通大学，2013.

[80] 谈文姬，王德忠，马元巍，等. 拉格朗日烟团模型的大气扩散系数自适应修正[J]. 原子能科学技术，2014，48(3)：571-576.

[81] 刘爽. 核设施事故排放气载放射性污染物扩散模拟研究[D]. 哈尔滨：哈尔滨工程大学，2017.

[82] 王鹏飞，费建芳，程小平，等. 气旋活动对福岛核污染物扩散影响的模拟研究[J]. 环境科学研究，2013，26(1)：50-56.

[83] 梁志超，费建芳，程小平，等. 地形对日本福岛核事故放射性粒子扩散影响的敏感性研究[J]. 环境科学研究，2013，26(12)：1259-1267.

[84] 杨晔，曹博，陈义学. 拉格朗日粒子模型在核事故应急中的开发与应用[J]. 原子能科学技术，2013，47(S2)，712-716.

[85] 郑超慧. 小尺度复杂街区脏弹恐怖袭击下放射性物质扩散模拟研究[D]. 北京：中国人民公安大学，2019.

[86] 唐秀欢，杨宁，包利红，等. 西安脉冲堆场区放射性气体扩散 CFD 数值模拟[J]. 安全与环境学报，2014，14(5)：133-140.

[87] Patnaik G，Boris J P. Processing of the DoD high performance computing modernization program users group conference：Fast and accurate CBR defense for homeland security：bringing HPC to the first responder and warfighter[C]//IEEE，2007：120-126.

[88] Burrows D A，Hendricks E A，Diehl S R，et al. Modeling turbulent flow in an urban central business district [J]. Journal of Applied Meteorology and

Climatology, 2007, 46(12): 2147-2164.

[89] Soulhac L, Perkins R J, Salizzoni P. Flow in a street canyon for any external wind direction[J]. Boundary-Layer Meteorology, 2008, 126(3): 365-388.

[90] Salizzoni P, Van Liefferinge R, Soulhac L, et al. Influence of wall roughness on the dispersion of a passive scalar in a turbulent boundary layer[J]. Atmospheric Environment, 2009, 43(3): 734-748.

[91] Solazzo E, Cai X, Vardoulakis S. Improved parameterisation for the numerical modelling of air pollution within an urban street canyon[J]. Environmental Modelling & Software, 2009, 24(3): 381-388.

[92] Carpentieri M, Salizzoni P, Robins A, et al. Evaluation of a neighbourhood scale, street network dispersion model through comparison with wind tunnel data [J]. Environmental Modelling & Software, 2012, 37: 110-124.

[93] 朱岳梅，刘京，荻岛理，等. 城市冠层模型的扩展与验证[J]. 建筑科学，2007，23(2): 84-87.

[94] Di Sabatino S, Solazzo E, Paradisi P, et al. A simple model for spatially-averaged wind profiles within and above an urban canopy[J]. Boundary-Layer Meteorology, 2008, 127(1): 131-151.

[95] Solazzo E, Di Sabatino S, Aquilina N, et al. Coupling mesoscale modelling with a simple urban model: the Lisbon case study[J]. Boundary-Layer Meteorology, 2010, 137(3): 441-457.

[96] Schulman L L, Strimaitis D G, Scire J S. Development and evaluation of the PRIME plume rise and building downwash model[J]. Journal of the Air & Waste Management Association, 2000, 50(3): 378-390.

[97] Venkatram A, Isakov V, Yuan J, et al. Modeling dispersion at distances of meters from urban sources[J]. Atmospheric Environment, 2004, 38(28): 4633-4641.

[98] Garbero V, Salizzoni P, Soulhac L. Experimental study of pollutant dispersion within a network of streets[J]. Boundary-Layer Meteorology, 2010, 136(3): 457-487.

[99] Tinarelli G, Brusasca G, Oldrini O, et al. Micro-Swift-Spray (MSS): A new modelling system for the simulation of dispersion at microscale. general description and validation[M]//Carlos B, Eberhard R. Air pollution modeling and its application XVII, 2007: 449-458.

[100] Röckle R. Bestimmung der Strömungsverhältnisse im Bereich komplexer Bebauungsstrukturen[D]. 1990.

[101] Kaplan H, Dinar N. A Lagrangian dispersion model for calculating concentration distribution within a built-up domain[J]. Atmospheric Environment, 1996, 30(24): 4197-4207.

[102] Moussafir J, Oldrini O, Tinarelli G, et al. Proceedings of the 9th international conference on harmonisation within atmospheric dispersion modelling for regulatory purposes: A new operational approach to deal with dispersion around obstacles: the MSS (Micro-Swift-Spray) software suite [C]//Garmisch-Partenkirchen, Germany, Institute for Meteorology and Climate Research (IMK-IFU), 2004.

[103] Cox R M, Cogan J, Sontowski J, et al. Comparison of atmospheric transport calculations over complex terrain using a mobile profiling system and rawinsondes[J]. Meteorological Applications, 2000, 7(4): 285-295.

[104] Cox R M, Sontowski J, Fry Jr R N, et al. Wind and diffusion modeling for complex terrain[J]. Journal of Applied Meteorology, 1998, 37(10): 996-1009.

[105] Finardi S, Brusasca G, Morselli M G, et al. Boundary-layer flow over analytical two-dimensional hills: A systematic comparison of different models with wind tunnel data[J]. Boundary-Layer Meteorology, 1993, 63(3): 259-291.

[106] Cox R M, Sontowski J, Dougherty C M. An evaluation of three diagnostic wind models (CALMET, MCSCIPUF, and SWIFT) with wind data from the Dipole Pride 26 field experiments[J]. Meteorological Applications, 2005, 12(4): 329-341.

[107] Tinarelli G, Mortarini L, Castelli T S, et al. A review and validation of microSpray, a Lagrangian particle model of turbulent dispersion [G]. Lagrangian Modeling of the Atmosphere, American Geophysical Union (AGU), 2013: 311-328.

[108] Hanna S, White J, Trolier J, et al. Comparisons of JU2003 observations with four diagnostic urban wind flow and Lagrangian particle dispersion models[J]. Atmospheric Environment, 2011, 45(24): 4073-4081.

[109] Hanna S, Chang J. Acceptance criteria for urban dispersion model evaluation [J]. Meteorology and Atmospheric Physics, 2012, 116(3-4): 133-146.

[110] Hirao S, Yamazawa H, Nagae T. Estimation of release rate of iodine-131 and cesium-137 from the Fukushima Daiichi nuclear power plant: Fukushima NPP Accident Related[J]. Journal of Nuclear Science and Technology, 2013, 50(2): 139-147.

[111] Saunier O, Mathieu A, Didier D, et al. An inverse modeling method to assess the source term of the Fukushima nuclear power plant accident using gamma dose rate observations[J]. Atmospheric Chemistry and Physics, 2013, 13(22): 11403-11421.

[112] Katata G, Chino M, Kobayashi T, et al. Detailed source term estimation of the atmospheric release for the Fukushima Daiichi Nuclear Power Station accident by coupling simulations of an atmospheric dispersion model with an improved

deposition scheme and oceanic dispersion model[J]. Atmospheric Chemistry and Physics, 2015, 15(2): 1029-1070.

[113] Zhang X L, Su G F, Yuan H Y, et al. Modified ensemble Kalman filter for nuclear accident atmospheric dispersion: Prediction improved and source estimated[J]. Journal of Hazardous Materials, 2014, 280: 143-155.

[114] Zhang X L, Su G F, Chen J G, et al. Iterative ensemble Kalman filter for atmospheric dispersion in nuclear accidents: An application to Kincaid tracer experiment[J]. Journal of Hazardous Materials, 2015, 297: 329-339.

[115] Quélo D, Sportisse B, Isnard O. Data assimilation for short range atmospheric dispersion of radionuclides: a case study of second-order sensitivity[J]. Journal of Environmental Radioactivity, 2005, 84(3): 393-408.

[116] Zheng D, Leung J K C, Lee B Y. An ensemble Kalman filter for atmospheric data assimilation: Application to wind tunnel data [J]. Atmospheric Environment, 2010, 44(13): 1699-1705.

[117] 凌永生，侯闻宇，贾文宝，等. 基于BP神经网络的核事故源项反演方法研究[J]. 中国安全科学学报，2014，24(8)：21-25.

[118] 赵丹，凌永生，侯闻宇，等. 基于BP神经网络的核事故多核素源项反演方法[J]. 南京航空航天大学学报，2016，48(1)：130-135.

[119] 侯闻宇，凌永生，赵丹，等. BP神经网络反演核事故源项中重要参数的研究[J]. 南京航空航天大学学报，2015，47(5)：778-784.

[120] 凌永生，柴超君，赵丹，等. BP神经网络优化的无迹卡尔曼滤波核事故源项反演方法研究[J]. 安全与环境学报，2018(5)：50.

[121] 侯闻宇，凌永生，赵丹，等. GA-BP算法应用于核事故源项反演的研究[J]. 安全与环境学报，2016，16(6)：24-28.

[122] 宁莎莎，蒯琳萍. 混合遗传算法在核事故源项反演中的应用[J]. 原子能科学技术，2012，46(增刊)：469-472.

[123] 陈竟宇，马元巍，王德忠，等. 基于安全壳近程探测数据的事故源项反演方法[J]. 原子能科学技术，2016，50(8)：1528-1536.

[124] 唐秀欢，李华，包利红. 核事故实时释放量集合卡尔曼滤波反演算法研究[J]. 原子能科学技术，2014，48(增刊1)：415-420.

[125] 唐秀欢，包利红，李华，等. 卡尔曼滤波反演核设施核事故中核素释放率的研究[J]. 原子能科学技术，2014，48(10)：1915-1920.

[126] 刘蕴，方晟，李红，等. 基于四维变分资料同化的核事故源项反演[J]. 清华大学学报（自然科学版），2015，55(1)：98-104.

[127] 刘蕴，刘新建，李红，等. 截断总体最小二乘变分核事故源项反演数值研究[J]. 核动力工程，2019，39(1)：120-125.

[128] 耿小兵，绪梅，陈琳. 中国核科学技术进展报告（第五卷）——中国核学会2017年学术年会论文集第5册（核材料分卷，辐射防护分卷）：基于集合四维

变分同化的核事故源项反演方法[C]. 2017.

[129] Ganesan A L, Rigby M, Zammit-Mangion A, et al. Characterization of uncertainties in atmospheric trace gas inversions using hierarchical Bayesian methods [J]. Atmospheric Chemistry and Physics, 2014, 14(8): 3855-3864.

[130] Winiarek V, Vira J, Bocquet M, et al. Towards the operational estimation of a radiological plume using data assimilation after a radiological accidental atmospheric release[J]. Atmospheric Environment, 2011, 45(17): 2944-2955.

[131] Abida R, Bocquet M. Targeting of observations for accidental atmospheric release monitoring[J]. Atmospheric Environment, 2009, 43(40): 6312-6327.

[132] Kovalets I V, Tsiouri V, Andronopoulos S, et al. Improvement of source and wind field input of atmospheric dispersion model by assimilation of concentration measurements: Method and applications in idealized settings [J]. Applied Mathematical Modelling, 2009, 33(8): 3511-3521.

[133] Krysta M, Bocquet M, Sportisse B, et al. Data assimilation for short-range dispersion of radionuclides: An application to wind tunnel data[J]. Atmospheric Environment, 2006, 40(38): 7267-7279.

[134] Issartel J-P, Sharan M, Modani M. Proceedings of the Royal Society of London A: Mathematical: An inversion technique to retrieve the source of a tracer with an application to synthetic satellite measurements [C]//Physical and Engineering Sciences, 2007, 463(2087): 2863-2886.

[135] Singh S K, Kumar P, Turbelin G, et al. Uncertainty characterization in the retrieval of an atmospheric point release[J]. Atmospheric Environment, 2017, 152: 34-50.

[136] Simsek V, Pozzoli L, Unal A, et al. Simulation of ^{137}Cs transport and deposition after the Chernobyl nuclear power plant accident and radiological doses over the Anatolian Peninsula [J]. Science of the Total Environment, 2014, 499: 74-88.

[137] Balonov M, Bouville A. Radiation exposures due to the Chernobyl accident[J]. Encyclopedia of Environmental Health(Second Edition), 2013: 448-459.

[138] Drozdovitch V, Bouville A, Chobanova N, et al. Radiation exposure to the population of Europe following the Chernobyl accident[J]. Radiation Protection Dosimetry, 2007, 123(4): 515-528.

[139] Kamiya K, Ozasa K, Akiba S, et al. Long-term effects of radiation exposure on health[J]. The Lancet, 2015, 386(9992): 469-478.

[140] Hiyama A, Nohara C, Kinjo S, et al. The biological impacts of the Fukushima nuclear accident on the pale grass blue butterfly[J]. Scientific Reports, 2012, 2: 570.

[141] Prise K M, Folkard M, Michael B D. A review of the bystander effect and its

implications for low-dose exposure[J]. Radiation Protection Dosimetry, 2003, 104(4): 347-355.

[142] Raza S S, Avila R. A 3D Lagrangian particle model for direct plume gamma dose rate calculations[J]. Journal of Radiological Protection, 2001, 21(2): 145.

[143] Healy J W, Baker R E. Radioactive cloud dose calculations[M]//Slade D H. Meteorology and Atomic Energy, 1968.

[144] Han M H, Cho G S, Lee K J, et al. Spherical approximation in gamma dose calculations and its application to an emergency response action at kori reactor site in Korea[J]. Annals of Nuclear Energy, 1995, 22(7): 441-452.

[145] Gorshkov V E, Karmazin I P, Tarasov V I. Reduced integral solutions for gamma absorbed dose from Gaussian plume[J]. Health Physics, 1995, 69(2): 210-218.

[146] Pecha P, Pechova E. An unconventional adaptation of a classical Gaussian plume dispersion scheme for the fast assessment of external irradiation from a radioactive cloud[J]. Atmospheric Environment, 2014, 89: 298-308.

[147] Thykier-Nielsen S, Deme S, Láng E. Calculation method for gamma-dose rates from spherical puffs[R]. Risø National Laboratory, 1993.

[148] Wang X Y, Ling Y S, Shi Z Q. A new finite cloud method for calculating external exposure dose in a nuclear emergency[J]. Nuclear Engineering and Design, 2004, 231(2): 211-216.

[149] Zhang X, Efthimiou G, Wang Y, et al. Comparisons between a new point kernel-based scheme and the infinite plane source assumption method for radiation calculation of deposited airborne radionuclides from nuclear power plants[J]. Journal of Environmental Radioactivity, 2018, 184-185: 32-45.

[150] Hanna S R, Hansen O R, Dharmavaram S. FLACS CFD air quality model performance evaluation with Kit Fox, MUST, Prairie Grass, and EMU observations[J]. Atmospheric Environment, 2004, 38(28): 4675-4687.

[151] Sasaki Y. Some basic formalisms in numerical variational analysis[J]. Monthly Weather Review, 1970, 98(12): 875-883.

[152] Sherman C A. A mass-consistent model for wind fields over complex terrain [J]. Journal of applied meteorology, 1978, 17(3): 312-319.

[153] Wang S, Li X, Fang S, et al. Processing of the 2019 International Conference on Nuclear Engineering: Evaluation of the control room radiological habitability using micro-SWIft and Spray for high temperature reactor pebble bed module [C]. 2019.

[154] Gowardhan A A, Pardyjak E R, Brown M J, et al. Investigation of Reynolds stresses in a 3D idealized urban area using large eddy simulation[R]. American Meteorological Society, 2007.

[155] Oldrini O, Olry C, Moussafir J, et al. Processing of the 14th International Conference. on Harmonisation within Atmospheric Dispersion: Development of PMSS, the Parallel Version of Micro-SWIFT-SPRAY [C]//Modelling for Regulatory Purposes, 2011.

[156] Rodean H. Stochastic Lagrangian models of turbulent diffusion[M]. U. S. Lawrence Livermore National Laboratory, 1996.

[157] Thomson D J. Criteria for the selection of stochastic models of particle trajectories in turbulent flows[J]. Journal of Fluid Mechanics, 1987, 180: 529-556.

[158] Chang J C, Hanna S R. Air quality model performance evaluation[J]. Meteorology and Atmospheric Physics, 2004, 87(1-3): 167-196.

[159] You Y-L, Kaveh M. A regularization approach to joint blur identification and image restoration[J]. IEEE Transactions on Image Processing, 1996, 5(3): 416-428.

[160] Campisi P, Egiazarian K. Blind image deconvolution: theory and applications [M]. CRC press, 2016.

[161] Lawson C L, Hanson R J. Solving least squares problems[M]. Society for Industrial and Applied Mathematics, 1995.

[162] Verboven S, Hubert M. LIBRA: A MATLAB library for robust analysis[J]. Chemometrics and Intelligent Laboratory Systems, 2005, 75(2): 127-136.

[163] ICRP. Conversion coefficients for use in radiological protection against external radiation (ICRP Publication 74) [R]. International Commission on Radiological Protection, 1996.

[164] Jensen P H, Thykier-Nielsen S. Recommendations of dose buildup factors used in models for calculating gamma doses from a plume [R]. Risø National Laboratory,1980.

[165] Proakis J G, Manolakis D G. Digital signal processing[M]. Pearson Education, 2013.

[166] Drews M, Aage H K, Bargholz K, et al. Measurements of plume geometry and argon-41 radiation field at the BR1 reactor in Mol, Belgium[R]. Risø National Laboratory, 2002.

[167] Lauritzen B, Astrup P, Drews M, et al. Atmospheric dispersion of argon-41 from anuclear research reactor: measurement and modeling of plume geometry and gamma radiation field [J]. International Journal of Environment and Pollution, 2003, 20(6): 47-54.

[168] IAEA. Generic models for use in assessing the impact of discharges of radioactive substances to the environment. Safety Reports Series No. 19[R]. International Atomic Energy Agency, 2001.

[169] RadDecay. Radioactive nuclide library and decay software-Version 3. 6 for WINDOWS[R]. Grove Engineering, 2001.

[170] Hubbell J H, Seltzer S M. Tables of X-ray mass attenuation coefficients and mass energy-absorption coefficients 1 keV to 20 MeV for elements $Z=1$ to 92 and 48 additional substances of dosimetric interest [R]. National Inst. Of Standards and Technology-pl, Ionizing Radiation Div, Gaithersburg, MD (United States), 1995.

[171] Dyer L L, Astrup P. Model evaluation of RIMPUFF within complex terrain using an 41 Ar radiological dataset[J]. International Journal of Environment and Pollution, 2012, 48(1-4): 145-155.

[172] Rojas-Palma C, Aage H K, Astrup P, et al. Experimental evaluation of gamma fluence-rate predictions from argon-41 releases to the atmosphere over a nuclear research reactor site [J]. Radiation Protection Dosimetry, 2004, 108 (2): 161-168.

[173] Ding C, Lam K P. Data-driven model for cross ventilation potential in high-density cities based on coupled CFD simulation and machine learning [J]. Building and Environment, 2019, 165: 106394.

[174] Chen Z, Xin J, Liu P. Air quality and thermal comfort analysis of kitchen environment with CFD simulation and experimental calibration[J]. Building and Environment, 2020, 172: 106691.

[175] Potts D, Steidl G. Fast summation at nonequispaced knots by NFFT[J]. SIAM Journal on Scientific Computing, 2003, 24(6): 2013-2037.

[176] Fessler J A, Sutton B P. Nonuniform fast Fourier transforms using min-max interpolation [J]. IEEE Transactions on Signal Processing, 2003, 51 (2): 560-574.

[177] Potts D, Steidl G, Tasche M. Fast Fourier transforms for nonequispaced data: A tutorial[G]//Benedetto J, Ferreira P. Modern sampling theory: Mathematics and applications, 2001.

[178] Lauritzen B, Astrup P, Drews M, et al. Atmospheric dispersion of argon-41 from a nuclear research reactor: Measurement and modelling of plume geometry and gamma radiation field [J]. International Journal of Environment and Pollution, 2003, 20(1-6): 47-54.

在学期间发表的学术论文与研究成果

发表的学术论文

[1] **Li Xinpeng**, Sun Sida, Hu Xiaofeng, Huang Hong, Li Hong, Morino Yu, Wang Shuntan, Yang Xingtuan, Shi Jiasong, Fang Sheng. Source inversion of both long-and short-lived radionuclide releases from the Fukushima Daiichi nuclear accident using on-site gamma dose rates[J]. J. Hazard. Mater. 379 (2019) 120770.(SCI 收录，检索号：JB2WP)

[2] **Li Xinpeng**, Li Hong, Liu Yun, Wei Xiong, Fang Sheng. Joint release rate estimation and measurement-by-measurement model correction for atmospheric radionuclide emission in nuclear accidents: An application to wind tunnel experiments[J]. J. Hazard. Mater. 345 (2018) 48-62.(SCI 收录，检索号：FU1WD)

[3] **Li Xinpeng**, Wei Xiong, Hu Xiaofeng, Sun Sida, Li Hong, Yang Xingtuan, Zhang Qijie, Nibart Maxime, Albergel Armand, Fang Sheng. An accurate and ultrafast method for estimating three-dimensional radiological dose rate fields from arbitrary atmospheric radionuclide distributions[J]. Atmos. Environ. 199 (2019) 143-154.(SCI 收录，检索号：HI7MI)

[4] **Li Xinpeng**, Li Hong, Wei Xiong, Fang Dong, Fang Sheng. Radiological habitability evaluation of the control room of the high-temperature reactor pebble-bed module: post-accident dose assessment and sensitivity studies[J]. J. Nucl. Sci. Technol. 55 (2018) 1263-1274.(SCI 收录，检索号：GZ3RO)

[5] **Li Xinpeng**, Sun Sida, Fang Sheng, Li Hong. Sensitivity analysis of the radioactive monitoring data in the Fukushima Daiichi nuclear power plant[C]//International Conference on Nuclear Engineering. ASME. ICONE27-1321.

[6] **Li Xinpeng**, Fang Sheng. Assessment of control room radiological habitability of high-temperature reactor pebble-bed module in Shidao Bay multi-reactor nuclear power site [C]//International Conference on Nuclear Engineering. ASME. ICONE26-82448.(EI 收录，检索号：BM2PA)

[7] **Li Xinpeng**, Fang Sheng, Li Hong. A resolution enhancing algorithm for gamma-ray spectrum based on blind deconvolution and Lp-norm sparsity constraint[C]//

International Conference on Nuclear Engineering. ASME. ICONE25-66923.（EI 收录，检索号：BJ5KS）

研究成果

方晟,**李新鹏**. 基于实测数据的放射性释放源项估计软件平台：2017SR585033.

致　谢

衷心感谢我的导师方晟副教授在我读博士期间对我在科研上的细心指导和生活上的亲切关心。导师严谨的治学态度、勤勉的工作精神、高超的科研技能使我终生受益。导师在我的博士课题上花费了大量的心血，经常因和我讨论科研细节而错过饭点。在疫情期间，同时也是博士学位论文写作的最后几个月里，导师每隔几天便会通过微信针对博士学位论文的缺点和我进行讨论，并给予写作上的指点。这缓解了我论文写作期间的焦虑心情，提高了写作的速度，最终顺利完成博士学位论文的写作。同样，也是在导师的影响下，我即将担任高校的讲师，走上科研学术的道路。

同样感谢核能与新能源技术研究院110研究室的老师们和同学们对我的帮助。尤其是同课题组里已毕业的刘蕴师姐和孙思达师兄，师兄和师姐在我读研究生的前三年，教会了我一些科研技能，帮我奠定了科研基础。也同样感谢课题组的汪顺覃师妹给予的帮助。

特别感谢我的家人和我的女朋友魏鹏洋在我读博期间对我的支持，他们的关心和帮助让我没有后顾之忧。

最后，向曾经给予我帮助而未提及姓名的所有亲人、朋友、老师和同学们表示感谢！